“十三五”职业教育规划教材

水产养殖技术

SHUICHAN YANGZHI JISHU

顾洪娟　曲　强　主编

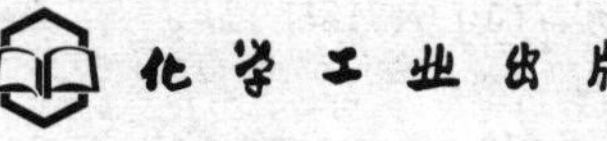

·北京·

《水产养殖技术》共分六个模块，分别讲述淡水鱼类增养殖技术，常见商品鱼养殖技术，虾、蟹类增养殖技术，贝类增养殖技术，其他经济水产品养殖技术及综合实训。本书强化了规范鱼类用药方面的内容，以便为养殖健康水产动物提供更丰富的资料。另外，本教材设计了“经验介绍”栏目，由经验丰富的水产养殖一线技术人员依据实际工作编写，同时还提供了我国常见水产养殖品种的彩色图片，具有很强的技术指导作用，可为学生今后从事本岗位工作打下坚实的基础。

本书既可作为高职高专类院校水产养殖技术及相关专业的教学用书，也可供行业技术推广人员和养殖户参考使用。

图书在版编目（CIP）数据

水产养殖技术/顾洪娟，曲强主编. —北京：化学工业出版社，2018.10（2024.1 重印）
“十三五”职业教育规划教材
ISBN 978-7-122-33067-3

Ⅰ.①水… Ⅱ.①顾…②曲… Ⅲ.①水产养殖-职业教育-教材 Ⅳ.①S96

中国版本图书馆 CIP 数据核字（2018）第 217008 号

责任编辑：章梦婕 李植峰　　装帧设计：史利平
责任校对：宋 夏

出版发行：化学工业出版社（北京市东城区青年湖南街 13 号 邮政编码 100011）
印　　装：三河市双峰印刷装订有限公司
787mm×1092mm 1/16 印张 10¼ 字数 247 千字 2024 年 1 月北京第 1 版第 6 次印刷

购书咨询：010-64518888　售后服务：010-64518899
网　　址：http://www.cip.com.cn
凡购买本书，如有缺损质量问题，本社销售中心负责调换。

定　　价：29.00 元

《水产养殖技术》编审人员

主　　编　顾洪娟　曲　强

副 主 编　范俊娟　贾富勃

编写人员　（按照姓氏汉语拼音顺序排列）

迟淑娟（辽宁农业职业技术学院）

范俊娟（辽宁农业职业技术学院）

范　颖（辽宁农业职业技术学院）

顾洪娟（辽宁农业职业技术学院）

黄廷贺（辽宁益康生物股份有限公司）

贾富勃（辽宁农业职业技术学院）

李春华（辽宁农业职业技术学院）

曲　强（辽宁农业职业技术学院）

史纪新（辽宁康普利德生物科技有限公司）

陶　妍（辽宁农业职业技术学院）

王宏伟（东北林业大学）

王景春（辽宁农业职业技术学院）

于　明（辽宁农业职业技术学院）

杨荣芳（辽宁农业职业技术学院）

张春颖（辽宁农业职业技术学院）

主　　审　李晓冬（辽宁省营口市水产研究所）

水产养殖是近几年来发展较为迅速的产业之一，在养殖业中占有极为重要的地位。自20世纪70年代以来，由于人工培育种苗技术的成功及水质净化设备的研制，水产养殖业得到了快速发展。目前，我国主要养殖淡水鱼虾蟹类、海水鱼虾蟹贝类及海水藻类，养殖技术不断成熟，养殖规模已由土法养殖向集约化养殖发展。

本教材是在《教育部关于深化职业教育教学改革全面提高人才培养质量的若干意见》和《教育部办公厅关于建立职业院校教学工作诊断与改进制度的通知》精神下编写而成的。以全面培养面向生产、建设、服务和管理一线需要的高素质技术技能型人才为目标，确保教材内容和生产实际相结合。教材内容以职业能力培养为中心，以关键技术和经验介绍为主线，全书在理论知识“适度、必需和够用”的基础上，注重突出职业教育以实践教学和技能培养为主导方向的特质，重点选择与水产养殖技能相关的知识。

本教材共分六个模块，分别讲述淡水鱼类增养殖技术，常见商品鱼养殖技术，虾、蟹类增养殖技术，贝类增养殖技术，其他经济水产品养殖技术及综合实训。本书强化了规范鱼类用药方面的内容，以便为养殖健康水产动物提供更丰富的资料。另外，本教材设计了“经验介绍”栏目，由经验丰富的水产养殖一线技术人员依据实际工作编写；同时还提供了我国常见水产养殖品种的彩色图片，具有很强的技术指导作用，可为学生今后从事本岗位工作打下坚实的基础。

由于时间和条件的限制，加之编者水平所限，书中疏漏之处在所难免，敬请广大读者批评指正。

编者
2018年10月

模块一 淡水鱼类增养殖技术

1

◎ 模块三　虾、蟹类增养殖技术 96

模块六　综合实训 139

参考文献 151

模块一 淡水鱼类增养殖技术

关键技术1 淡水鱼类的生物学特性与环境调控

一、淡水鱼类生物学特性

（一）外部形态

鱼的外部形态

鱼类终生生活在水中，水域环境的特殊性造成了鱼类特殊的形态。

1. 鱼的体形

生活在水里的鱼类为了适应水域环境，形成了特殊的形体特征，主要有4种：纺锤形、平扁形、侧扁形和棍棒形。鲤、鲫等属于纺锤形；平扁形的鱼主要分布在海水中，淡水中少见；团头鲂、长春编属于侧扁形；鳗鲡、黄鳝属于棍棒形。

鱼类由于生活环境的差异性，形成了多种多样的鱼类外部形态。从鱼体的侧面仍然可以将鱼体分为头部、躯干部和尾部三个主要部分。头部是指吻端至鳃盖后缘之间的部位；躯干部是指鳃盖后缘至肛门之间的部位；肛门以后至尾鳍基部为尾部（图1-1）。板鳃类和圆口类等没有鳃盖的鱼类的头部和躯干部的分界为最后一对鳃裂。

2. 外部构造

鱼体的外部器官主要有：口、唇、须、眼、鼻孔、鳃盖、鳍、侧线鳞、皮肤及其衍生物等。

（1）口　鱼的口位于头部前端、头部上端或头部下端，用于捕食，也是呼吸时的入水口，其位置、大小和形态随食性不同而不同。吞食大型食物的鱼或凶猛的肉食性鱼口较大，如鳜；吞食小型食物的温和性鱼口裂小，如鲴等；滤食性鱼口较大，如鲢、鳙等。

依据鱼上、下颌的长短可将鱼类的口分为上口位、端口位和下口位，大多数鱼为端口位；上口位的鱼捕食上层食物，多见于水体上层；端口位的鱼一般生活在水体中层，捕食其前方的食物，如草鱼等；下口位的鱼多活动在水体下层，觅食水底淤泥中的螺、蚬等，如鲮。

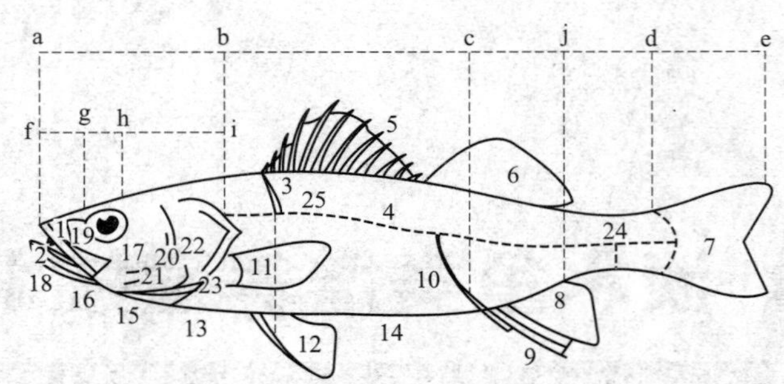

图 1-1 鱼体区域划分（花鲈）

a-b—头部；b-c—躯干部；c-e—尾部；f-g—吻部；h-i—眼后头部；a-d—体长；a-e—全长；j-d—尾柄长
1—上颌；2—下颌；3—侧线上鳞；4—侧线鳞；5—第一背鳍；6—第二背鳍；7—尾鳍；8—臀鳍鳍条；9—臀鳍鳍棘；10—侧线下鳞；11—胸鳍；12—腹鳍；13—胸部；14—腹部；15—喉部；16—峡部；17—颊部；18—颏部；19—鼻孔；20—前鳃盖骨；21—间鳃盖骨；22—主鳃盖骨；23—下鳃盖骨；24—尾柄高；25—体高

（孟庆闻等．鱼类学）

（2）唇　为包围口缘的皮肤皱，上面无任何组织，主要用于协助吸取食物。

（3）须　部分鱼生有须，依据须的着生部位可分为颌须、颏须、鼻须、吻须等，泥鳅、鲶等有须鱼多生活在水体下层或光线较弱的环境，或喜夜间活动。

（4）眼　是鱼类头部的主要器官之一。鱼类的眼睛位于头部两侧，大多数鱼类没有泪腺和眼睑，不能闭合也不能较大地转动。眼的角膜平坦，鱼眼的水晶体呈圆球形，其晶状体凸度不能改变，只能前后移动，因此鱼的视力较差。

（5）鼻孔　位于眼前方，左右鼻孔又分别被鼻瓣分为前、后两个鼻孔，即前鼻孔和后鼻孔，分别为进水孔和出水孔，鼻孔与呼吸没有关系。也有鱼鼻孔中无鼻瓣。

（6）鳃盖　鳃盖孔位于头部，内为鳃腔，鳃腔内有鳃组织，是鱼的呼吸器官。

（7）鳍　是躯干部的外部器官，用于运动，胸鳍、腹鳍左右成对，为偶鳍；背鳍、臀鳍和尾鳍不对称，为单鳍。游动快的鱼鳍发达，不善于运动或穴居的鱼鳍退化，如黄鳝。

（8）侧线鳞　是鱼体两侧带有孔的鳞片，组成一条侧水线，内有侧线管，是鱼感知低频震动的器官，可以感知水流的方向、水的波动及周围的固定障碍物（岩石）等。

（9）皮肤及其衍生物　皮肤的功能主要是保护鱼体，鱼类的皮肤可以分泌黏液，用于润滑身体，防止病菌侵入。此外，皮肤还衍生出鳞片、黏液器、黏液细胞、追星（第二性征）等衍生物以协助皮肤完成保护、联络、防御、生殖等多种功能。

（二）内部构造

1. 骨骼系统

鱼类的骨骼可以分为外骨骼（包括鳞片、鳍条）与内骨骼（包括头骨、脊椎骨和附骨骼）。其骨骼依据组织学特点还可以分为软骨和硬骨两种。

2. 肌肉系统

参与鱼类运动的肌肉主要是附着于各骨骼的骨骼肌。心肌为心脏特有，平滑肌主要存在于鱼的血管、淋巴管及内脏器官或管腔、管壁之中。

3. 消化系统

鱼类的食道是食物由口腔进入胃肠的管道，一般宽短而壁厚，有味蕾和环肌，可以有选择地吃进食物，将异物抛出体外。食道能分泌黏液，帮助鱼吞食食物。

一般肉食性鱼类胃肠分化明显，肠较短，仅为体长的0.25～0.3倍；草食性鱼肠较长，一般为体长的2～5倍，甚至可达10倍以上；杂食性鱼的肠介于二者之间。多数鱼缺乏胃腺和肠腺。

肝脏为鱼体内最大的消化腺体。胰脏呈散发状，常与肝脏混杂在一起，统称肝胰脏。

4. 呼吸系统

鱼主要的呼吸系统是鳃。鱼类通过鳃从水环境中获得氧气，呼出二氧化碳。

有些鱼还有副呼吸器官和辅助呼吸器官，对于抵抗恶劣环境具有重要意义。如黄鳝、鳗鲡、鲶等表皮层及真皮内层的血管较多，在离水条件下可利用潮湿的皮肤进行呼吸；黄鳝、鲶等可利用口咽腔黏膜呼吸；泥鳅吞咽空气，利用肠管进行呼吸；胡子鲶等可利用褶鳃呼吸；鳝鱼的幼鱼鳍上分布许多血管，可利用鳍呼吸；海边的弹涂鱼可利用尾鳍帮助呼吸。

虽然有些鱼类具有辅助呼吸器官，但水体中的溶氧量对鱼的生存、生长具有重要意义。水中氧含量很少时，鱼就会浮到水的上层，将口伸出水面，直接用口吞咽空气，这种现象称为“浮头”。正常情况下，应该是清晨有少部分鱼浮头、大部分鱼不浮头，用击掌声惊吓，浮头的鱼马上沉到水里。

不同的鱼对水中最低含氧量适应的能力不同，同种鱼不同发育时期对溶氧量的需求也不同，鱼苗、鱼种的耗氧量要比成鱼高50％～100％。

5. 循环系统

鱼类的循环系统由心脏、血管、血液等组成。心脏位于体腔前部，鳃下方的围心腔中，外被鳃盖保护。心脏有心房和心室两个腔。

6. 排泄系统

排泄作用是通过肾脏和鳃进行的，鱼的肾脏是紧贴在体腔背面的一对细长的器官，既是排泄器官又是造血器官，呈紫红色。肾脏的每一小管都开口于输尿管，两条输尿管通到膀胱，再从尿道通到泄殖腔。

鳃既是呼吸器官，也可以进行排泄作用。

淡水鱼类体内的氮主要以氨的形式排出体外。氨对鱼体有毒副作用，在养殖水体中，要控制氨的浓度。

7. 鳔

多数硬骨鱼均有鳔，位于消化管的背面，以鳔管通入食道的鱼称为喉鳔类，无鳔管的鱼称为闭鳔类。鳔的主要功能是调节相对密度和鱼的内压，使其和外界水环境的压强相平衡，下沉时排出鳔内气体，上浮时鳔内充气。

8. 神经系统和感觉器官

在鱼类神经系统，脊髓构成中枢神经系统，脑神经与脊神经构成外围神经系统，而植物性神经系统管理内脏的生理活动。

鱼类的感觉器官有一般皮肤感受器、侧线感觉器，以及位于头部的呼吸嗅觉器官（鼻）、听觉器官（内耳）和视觉器官（眼）等。

二、健康养殖对水域环境条件需求

外界环境条件对鱼的生长发育影响极大，为了获得渔业生产的高产、稳产，必须掌握鱼类对环境条件的要求，并最大限度地保证鱼类在优良的环境条件下，快速而又健壮地生长发育与繁殖。

（一）光照

鱼类在整个生长发育过程和取食活动中都需要光线。光照不足时，鱼类常发生维生素缺乏症。太阳光线是水生绿色植物进行光合作用的主要能源，光照直接影响水生植物的生长，间接地影响鱼的产量。另外，光照与水温有密切关系，水温高低也影响鱼的生长速度。所以，光照条件是鱼塘选择与修建时必须考虑的条件之一。

养鱼池塘水温变化的特点：水中温度上升或下降变化比陆地慢，早、晚水温变化的幅度也比气温小；水的温度变化随季节、昼夜、池水的深浅度有差异。水生绿色植物光合作用产生的溶解氧量等于呼吸作用的消耗量，此深度即为补偿深度。补偿深度为养殖水体的溶解氧的垂直分布建立了一个层次结构。水层在补偿深度以上称为增氧水层，在补偿深度以下称为耗氧水层。不同的养殖水体和养殖方法，其补偿深度差异很大，水体有机物含量越高，补偿深度越小。

一般来说，养鱼池塘最佳水深为 2.5m，水库养鱼最佳水深为 3m。

（二）水温

鱼类属于变温动物，鱼体温随水温的变化而变化。因为体温高低与体内新陈代谢强度息息相关，所以水温直接影响鱼类生长发育及繁殖。水温也直接影响水中细菌和其他水生生物的代谢强度。

鱼类必须在水温达到一定界限之上，才开始生长发育，一般把这一界限称为生物学零度。如大马哈鱼的生物学零度为 5.6℃，鲟为 7.2℃。只有在生物学零度以上，水温的增加才可以加速鱼的生长和发育，但是，这种增加是有一定限度的，超过适宜范围，温度的升高反而会抑制鱼的发育。

我国常见淡水养殖鱼类，除罗非鱼、革胡子鲶、虹鳟外，均可生长在 10～35℃水域中，属于温水性鱼类，见表 1-1。水温 10℃以上时，鱼类开始摄食、生长。最适水温范围是 20～30℃，在这种温度下，鱼类摄食旺盛，生长速度快。10℃以下或 30℃以上时，鱼类摄食量少，生长慢；5℃以下，鱼类停止取食并进入冬眠。

表 1-1 鱼类不同生理阶段适宜温度

鱼种(举例)	生存温度(举例)	生长适宜温度	繁殖适宜温度
热水性鱼类(罗非鱼)	16～45℃	25～32℃	24～32℃
冷水性鱼类(虹鳟)	7～20℃	10～18℃	13～19℃
温水性鱼类(四大家鱼、鲤、鲫)	0.5～38℃	20～32℃	22～28℃

水温每增加1℃，鱼的新陈代谢率可增加10%；水温提高10℃，鱼的新陈代谢作用就增加一倍。因此，在鱼类生长旺盛时期，适当提高水温，投喂充足而且优质饵料，可加速鱼类的生长。鱼类除了对水温有一定要求之外，还需要水温恒定，即防止水温突然剧烈变化，温差过大容易引起养殖鱼类发病，甚至死亡。

水温与鱼类的繁殖和胚胎发育也有密切关系。我国养殖的四大家鱼胚胎发育的适温为22～28℃。温度低，胚胎发育慢；温度高，容易引起胚胎发育畸形。人工催产的适温是18～30℃，18℃以下催产效果差，15℃以下催产无效。

（三）水的温跃层

温跃层是一种池水运动现象，这种池水的运动对养殖鱼类的生长和生存具有重大的影响。特别是在夏季和秋季，水的上表层易产生温跃层。

在3m左右的室外池塘，上层水温度上升过快，水体较深，风力又不大时，上、下水层难以对流而产生“温跃层”。上层水中氧气过多，称为氧盈；下层水氧气过少，称为氧债。过深的水体容易发生这种现象，夜间，上层的温度高的水对流到下层，影响鱼的正常生长。

（四）水中的溶氧量

溶解于水中的氧气称为溶解氧，水中溶解氧的含量称为溶氧量。通常，以1L水体所溶解氧气的量来描述水体中含氧量的多少，单位有mg/L、mL/L或mmol/L。

池水中氧气的主要来源有两种：一是水生绿色植物光合作用产生的氧气，约占水体中氧气来源的90%以上；二是空气交换到水中的氧气。这部分氧气量的大小，取决于水温、气压、风力、水与空气接触面积等。

水中的溶氧量随昼夜变化，下午2～3时最高；日落时，水生植物光合作用停止，溶氧量下降；黎明前达到最低值。

溶解氧是鱼类呼吸所必不可少的，也能保证残饵、代谢产物等有机物进行分解转化。所以，鱼塘中溶氧量多少是水质好坏的重要指标之一。天然水正常溶氧量为8～12mg/L。

不同鱼类对溶氧量要求不同，一般都应该高于3mg/L，生产上把这种溶氧量作为安全浓度，2mg/L作为警戒浓度。当溶氧量降到2mg/L以下时，鱼就浮在水面上，用口吞咽空气，这种现象称为“浮头”。浮头时间过长，造成鱼类泛塘，导致全塘鱼死亡，见表1-2。我国四大家鱼要求溶氧量为5mg/L以上，冷水鱼在7mg/L以上。

表1-2 几种主要养殖鱼类对水溶氧量的适应范围

鱼类	正常生长发育/(mg/L)	呼吸受抑制/(mg/L)	氧阈/(mg/L)
鲫	2	1	0.1
鲤	4	1.5	0.2～0.3
鳙	4～5	1.55	0.23～0.40
鲮	4～5	1.55	0.30～0.50
草鱼	5	1.6	0.40～0.57
青鱼	5	1.6	0.58
团头鲂	5.5	1.7	0.26～0.60
鲢	5.5	1.75	0.26～0.79

水中溶氧量高，鱼类摄食量大，饲料利用率高，生长也快。当溶氧量不足时，鱼不爱吃、不爱动，摄食量下降，消化吸收不好，新陈代谢强度下降，易发病。同时，池塘中积累氨、硫化氢等有毒物质，水质变劣。

（五）水的酸碱度

水的酸碱度对鱼类会起到直接或间接的影响，常用pH来表示。pH 7为中性，pH 7以下为酸性，pH 7以上为碱性。

酸性水能改变鱼的血液组成，使其pH下降，降低其载氧能力，影响呼吸功能正常作用，使鱼的活动能力减弱，代谢水平和摄食能力下降，生长受阻。若水的酸性过大，还能直接破坏鱼的鳃和皮肤等组织，甚至危及生命。水的碱性过大，会腐蚀鱼类的鳃组织等。另外，pH还能影响其他理化指标和生物因子含量。如：pH升高使铵转化为氨，当pH大于11时，氨态氮几乎都是以氨形式存在，而氨即使浓度再低也会抑制鱼类生长发育。

一般养殖鱼类适宜pH范围为6.5～9.0，最适范围为7.5～8.5。pH低于5或高于10时，对鱼生长不利，甚至不能生存。

（六）水的颜色和透明度

1. 水的颜色

水体颜色主要是由水中浮游生物的色泽形成。其颜色种类和深浅主要取决于浮游生物的种类和数量，以及溶解物质、悬浮颗粒、天空和池底色彩等因素，例如，富含钙、铁、镁盐的水呈黄绿色；富含溶解腐殖质的水呈褐色；含沙多的水呈黄色而混浊等。

（1）肥水　油绿色或茶褐色池水含有大量的金藻、硅藻、金黄藻及隐藻等浮游植物。这些藻类是滤食性鱼类非常喜欢吃的饵料。所以这种水色的池水称为肥水，适宜养殖鲢、鳙等滤食性鱼类。

（2）瘦水与不好的水　水色清淡，呈淡绿色或淡青色，透明度较大，可达60～70cm甚至以上，这种池水浮游生物少。有时水面漂着一层蓝绿色膜，这层膜是由蓝藻、绿藻形成的。这些藻类含有难以被鱼类消化吸收的胶质和纤维质。所以，这类池水称为瘦水，不适宜养鱼。水色呈黑绿色，表示水质过肥，需要换水。水色呈红褐色或棕色，表明池水含有大量红藻；鱼食用后可引起消化不良、中毒，甚至死亡，这种池水不能养鱼。另外，池底沉积物对水色也有影响。

① 暗绿色　天热时水面常有暗绿色或黄绿色油膜，水中裸藻类、团藻类较多。

② 灰绿色　透明度低，混浊度大，水中以蓝藻类较多。

③ 蓝绿色　透明度低，混浊度大，天热时有灰黄绿色的浮膜，水中微囊藻、球藻等蓝藻类、绿藻类较多。在这种不好的水体养鱼，需要进行人工投饵施肥，从而改变水体中浮游植物的种群，并增加其数量，以便提高水质，利于养鱼。

（3）转水　转水指随天气变化而改变水质的水体，也称为扫帚水、水华水、乌云水。这是在肥水的基础上进一步发展而形成的，浮游生物数量多，池水往往呈蓝绿色或绿色的带状或云状水体。这种水体中含有大量鲢、鳙所爱吃的蓝绿色裸甲藻和隐藻。裸甲藻喜光集群，因而形成水华，池水透明度低，为15～25cm。转水通常出现在春末或夏、秋季节晨雾浓、气压低的天气，主要是因水质过浓过肥，水体中、下层严重缺氧，浮游生物上浮到水体表面集群呼吸氧气而造成的。如果出现转水现象后不久就雾消天晴，经阳光照射，水体的转水现象会逐渐消退，浮游生物上、中、下层逐渐分布均匀，水体转变为肥水；若久雾不散，天气继续变坏，则浮游生物因严重缺氧而大批死亡，使水质突变、水色发黑，继而转清、变臭并成为“清臭水”，这时水体中溶解氧被大量消耗，往往会造成鱼类因缺氧窒息而成批死亡，形成泛塘。因此，一旦池水出现转水现象时，应及时加注新水，或开动增氧机进行人工增氧，防止水质进一步恶化。

2. 水的透明度

透明度是指阳光射入水中的深度。透明度大小由水中浮游生物和泥沙等悬浮颗粒含量的多少所决定。夏、秋季水温高，浮游生物繁殖快，水的透明度就小；冬、春季水温低，浮游生物繁殖慢，水的透明度就大。风雨天，池底泥沙泛滥，泥水入池，池水透明度小；风平浪静时，池水透明度就大。池水透明度30cm左右为肥水，适宜养鱼；透明度50～60cm为瘦水，不适宜养鱼。测量透明度的方法是，用一漆成黑白相间的直径为30cm的圆盘，盘上系绳，绳上标明尺寸，将盘沉入水中，直到似见未见为止，此时盘到水面的深度，即为池水的透明度。

（1）塞奇板测量法　将直径25cm的铁板，中间拴上细线，表面涂上白色或黑色相间（均分四等分）。手提细线使之沉入水中至恰好看不见板表面颜色（白色），此时深度为该水体的透明度，精养鱼池的透明度为20～40cm，最佳为30cm。透明度可衡量进入水体内太阳光能大小，因而也是水体内能量流动的能源大小的一种度量。

（2）经验测量法　在农村，广大的养殖户不具备塞奇板。有经验的渔业工作者和渔民，根据多年的实践经验总结出一种行之有效的简易测量法，被水产界称为经验测量透明度法。具体操作：伸直右臂，弯曲手掌，掌心对着脸，使手心表面与胳膊成一直角，慢慢地由水面伸入水中，同时眼睛凝视手心，直到恰好看不见手掌心，测量手掌心表面与胳膊平水处的距离，此时的深度即为水体的透明度（16～20cm处若隐若现为肥度适当）。

还有一种是以人站在风头的池塘埂上能看到浅滩13～15cm水底的贝类等物为度。

（七）老水和嫩水

老水也称为陈水，是指静水养鱼，养鱼池长期不清水，也不换水。这种池塘由于长期投饵、施肥，鱼类排泄物以及各种水生生物尸体残骸日积月累，使池水溶解物质和胶体物质浓度过大。再加上水中无机盐和微量元素，由于这些有机物质的吸附和浮游生物的作用，浓度越来越低。从而造成pH偏低、氧气不足。另外，有机物分解也产生一些有毒物质。因此，老水对鱼生长是极其不利的。

老水特征具体如下。

（1）水色发黄或褐色　这是藻类细胞老化的现象。

（2）水色发白　主要是蓝藻特别是极小型蓝藻滋生的一种现象，这种水的特点是pH很高（pH＝9～10）和透明度低（通常低于20cm）。水色发白是二氧化碳缺乏而使碳酸盐不断形成粉末引起的现象。

嫩水刚好与老水相反，水体生态因子平衡，溶氧量高，水的酸碱度适中，适于鱼的生长。

（八）盐度

就对盐度的适应能力来说，养殖鱼类可分为两大类：狭盐性鱼类和广盐性鱼类，淡水养殖鱼类适宜在盐度5‰以下的淡水中生活。但是，它们对盐度的变化也有一定的适应能力，因鱼种类不同也不尽相同，如鲤适应能力强，可在盐度17‰的水中生活；罗非鱼则在海水、淡水中都能生长；草鱼能在半咸水的河口水域中生活，在盐度9‰的沼泽地区也有分布，但其增重率显著降低。

（九）水的硬度

硬度是指水体中的钙、镁离子的含量，常用德国度来表示（1度=10mg/L CaO）。钙、镁是水体中的营养元素，对浮游生物的生长有利。常规养殖鱼类对硬度的要求不高，但硬度会影响浮游生物生长，从而间接影响鱼类的生长。如虹鳟鱼类唯有在高硬度的水中，性腺才能生长发育；而对某些热带鱼来说，只有在软水中才能正常繁殖。

经验介绍一 ▶▶ 如何判别好水和坏水

俗语说："养好一塘水，就是养好一塘鱼"。那么，什么样的水算是好水？什么样的水算是坏水？

1. 好水的特征

（1）水色呈黄绿色且清爽，该颜色表示水色浓淡适中。水体中的藻类以硅藻为主，绿藻、裸藻次之。

（2）水色呈草绿色且清爽，该颜色表示水色较浓。水体中的藻类以绿藻、裸藻为主。

（3）水色呈油绿色，在施用有机肥的水体中该种水色较为常见，该颜色表示水质肥瘦程度适中。水体中的藻类主要是硅藻、绿藻、甲藻、蓝藻，且数量比较均衡。

（4）水色呈茶褐色，在施用有机肥的水体中该种水色较为常见，该颜色表示水质肥瘦程度适中，但腐殖质浓度较大。水体中的藻类以硅藻、隐藻为主，裸藻、绿藻、甲藻次之。

以上四种水色水质肥度适中，水中溶氧量高，鱼摄食量大、能量转换快、病害少、生长速度快。这正是养殖所追求的效果。

2. 坏水的特征

（1）水色呈蓝绿、灰绿而混浊，夏季高温时，常在池塘下风口水面出现灰黄绿色浮膜。该颜色表示水体的水质老化，水体中的藻类以蓝藻为主，而且数量占绝对优势。

（2）水色呈灰黄、橙黄而混浊，在水面有同样颜色的浮膜。该颜色表示水体的有机质过浓，水质恶化，水体中的藻类以蓝藻为主，且已开始大量死亡。

（3）水色呈淡红色，且颜色往往浓淡不均。该颜色表示水体中的水蚤繁殖过多，藻类很少。这种水色的水体溶氧量很低，已发生转水现象，水质较瘦。

（4）对于褐色水来说，施肥初期形成的褐色水是好水，中后期从其他水色转变为褐色的水则是坏水。

以上这四种水色均为坏水，有些水体是慢慢转变的；有些水体由于用药过度、药害严重而水质变坏；有些坏水是天气突变，特别是天气闷热、下雷阵雨后变化而成的。水色的变化，往往跟随其后的是鱼病的发生，如细菌性疾病、寄生虫病等病害。

故对于养殖户，7～8 月份也是鱼类传染病、寄生虫病等病害发生的高峰期，病害种类、危害程度与 6 月份相比将进一步加大。

经验介绍二 ▶▶ 养殖场地的选择

1. 水质

养殖场地的水质要符合 GB 11607—89《渔业水质标准》。即养殖场应建在环境安静、水源充足、水质良好的水域，场地区域内及上风处、水源上游没有对场地环境构成威胁的污染源，包括工业废水、生活污水和有害废弃物等。

对淡水池塘、水库、湖泊等鱼类养殖的水体水质要求符合 NY 5051—2001《无公害食品　淡水养殖用水水质》标准（表 1-3）。而对海水鱼类养殖的水体水质要求符合 NY 5052—2001《无公害食品　海水养殖用水水质》标准（表 1-4）。

表 1-3　淡水养殖用水水质要求

项　目	标准值/(mg/L)	项　目	标准值/(mg/L)
色、臭、味	不得有异色、异臭、异味	氰化物	≤1
总大肠菌群	≤5000 个/L	石油类	≤0.05
汞	≤0.0005	挥发性酚	≤0.005
镉	≤0.005	甲基对硫磷	≤0.0005
铅	≤0.05	马拉硫磷	≤0.005
铬	≤0.1	乐果	≤0.1
铜	≤0.01	六六六(丙体)	≤0.002
锌	≤0.1	DDT	≤0.001
砷	≤0.05		

表 1-4　海水养殖用水水质要求

项　目	标准值/(mg/L)	项　目	标准值/(mg/L)
色、臭、味	不得有异色、异臭、异味	锌	≤0.1
大肠菌群	≤5000 个/L,供人生食的贝类养殖水质≤500 个/L	硒	≤0.02
		氰化物	≤0.005
粪大肠菌群	≤2000 个/L,供人生食的贝类养殖水质≤140 个/L	挥发性酚	≤0.005
汞	≤0.0002	石油类	≤0.05
镉	≤0.005	六六六	≤0.001
铅	≤0.05	DDT	≤0.00005
六价铬	≤0.01	马拉硫磷	≤0.0005
总铬	≤0.1	甲基对硫磷	≤0.0005
砷	≤0.03	乐果	≤0.1
铜	≤0.01	多氯联苯	≤0.00002

2. 土质

土壤是建造鱼池的主要材料。土壤种类和性质对工程质量和养殖生产影响较大，其质地分类见表 1-5。

表 1-5　土壤质地分类

质地名称	沙土类		壤土类			黏土类
	沙土	沙壤土	轻壤土	中壤土	重壤土	
物理性沙粒含量/%	＞90	81～90	71～80	56～70	40～55	＜40
物理性黏粒含量/%	＜10	10～20	21～30	31～45	46～60	＞60

土质是土壤中含有沙粒、黏土粒及有机质的量，其所含沙粒和有机物比例不同，直接影响着池塘的保水性。

沙土、粉土等保水能力差，一般来说不宜建池。黏土保水性好，干时土质坚硬，吸水后呈糨糊状，可以建池；但要注意，此类池塘干旱时堤埂易龟裂，冰冻时易膨胀，冰融后变松软。

壤土介于沙土和黏土之间，含有一定的有机质，硬度适中；透水性弱，吸水性强；土内空气流通，有利于有机物分解，养分又不流失；而且池内天然饵料最易繁殖，池水也易肥，是理想的建池土壤。

雨季池塘水质调控技术

1. 整修堤埝，备足应对物资

雨季来临前，应及时整修堤埝，交通不便的，还应该备足应急物资，以防不测。

2. 加强巡塘和水质监测

加强巡塘，密切观察池塘的水质变化，依池塘水色、气味、鱼类活动情况来判断池塘水质的优劣，必要时取水样及时送到渔药店或水产服务站检测，经综合分析研究，采取相应的措施，防范水质突然变化。例如，当 pH 变化超过 0.5 时，说明水的缓冲能力差，如遇台风暴雨，极易造成倒藻，故需提前采取调整 pH 和防范倒藻的措施，如投放生石灰、水质改良剂、维生素 C、葡萄糖或少量施肥等。

3. 及时排水，加开增氧机

暴雨前或暴雨过程中，密切注意池塘水位变化，及时排出过多的池水，防止大量的雨水进入池塘，导致漫塘。开足增氧机，防止缺氧。增氧机可以搅动水体，加速雨水溶入池水中，打破水体的温度和盐度的分层现象，力争使池水温度、盐度变化幅度减到最小；同时也可以部分排出表层水，尽可能地维持水位、水温和盐度的相对稳定。必要时，投放化学增氧剂，确保溶解氧充足，特别是在鱼、虾患病或虾蜕壳期，应 24h 开机增氧。

4. 及时调整透明度，防止水色变化过大

雨过天晴后，及时调整透明度。水体清澈见底的，应消除过多浮游动物，引进优质藻

种、水源，少量多次投施肥水素；水质混浊的，首先泼洒水质净化剂，降低透明度，然后引种、施肥；水色老化的，泼洒水质改良剂，进行必要的水体消毒。最好是在暴雨前，积极采取稳定水色、改良水质的措施，防止水质变化过大。暴雨后及时针对不同情况，采取相应措施，决不能拖延，否则会带来严重后果。

5. 投喂免疫增强剂药饵，提高鱼、虾免疫能力

连绵阴雨或暴风雨后，鱼、虾的体质较弱，免疫能力差，需在饲料中添加免疫制剂。如按当日饲料量的2‰～3‰添加维生素C，因鱼、虾对维生素C的消耗量是正常天气的2.5倍。其人工添加方法是：将维生素C溶解后，均匀地喷入定量的人工配合饲料中，阴干0.5h后，再按饲料的1‰左右的比例喷洒植物油（豆油、花生油、菜籽油等）。喷洒植物油可在饲料表面形成一层油膜，保护维生素C不溶于水；也可在加工饲料时加入高稳维生素C。除添加维生素C外，还应该添加免疫多糖、EM菌等。

6. 及时应用抗应激药物，减少鱼、虾应激反应

在暴雨来临前，全池泼洒水体解毒剂、水质降解剂，给水体解毒和增加水体的透氧性，为鱼、虾创造较为舒适的环境，然后泼洒抗应激药品如应激灵、葡萄糖或维生素C等，增强鱼、虾的抗应激能力。如遇到连续降雨时间过长，可利用中途天气稍好时再泼洒一次。

7. 适时水体消毒，控制疾病发生

如果水质变化过大，一般说明水体内的各种因子的平衡关系被打破了，特别是微生态平衡被打破的情况下，有益菌数量很少，有害菌大量增加，如不及时采取消毒措施，鱼、虾将很快发病。这里要指出的是，在使用消毒剂时应该在选择对鱼、虾刺激性较小的药物的同时，注意保持水体高溶氧状态，因为此时的鱼、虾体质都较弱，水体内溶解氧也较低，某些药物还耗氧。注意了这些，可很好地防止病害现象的发生。

复习思考题

1. 透明度的常用测定方法有哪些？如何测定？
2. 老水的特征是什么？为什么不能在这样的水中养鱼？
3. 哪些情况可以引起鱼浮头现象？其对渔业有什么危害？
4. 影响鱼类正常生长的环境因素有哪些？

关键技术2 淡水鱼类的营养调控

一、鱼类的生态习性

（一）食性

不同种类的鱼，摄食器官和消化系统的结构也有一定差异，其食性也不同。但是，不同鱼类在鱼苗阶段的食性基本相似。鱼类的食性可以划分为四种类型：即草食性鱼类，如草鱼、长春鳊、团头鲂；杂食性鱼类，如鲤、鲫、罗非鱼；滤食性鱼类，如鲢和鳙；肉食性鱼类，如青鱼、乌鳢、鳜和虹鳟。

这些划分是相对的，例如：草鱼属于典型的草食性鱼类，但是，在饥饿条件下也会吞食小鱼；虹鳟属于典型的肉食性鱼类，在人工养殖情况下，也能很好地适应人工配合饵料。

（二）生活习性与食性的关系

生活习性与食性的关系见表 1-6。

表 1-6 几种常见淡水鱼类生活习性与食性关系

鱼类	项目	内容
草鱼	习性	鱼类栖息习性与天然饵料在水中分布关系密切。草鱼吃水草，通常生活在水体中、下层，属于中、下层鱼类
	食性	鱼苗取食浮游动物，成鱼主要摄食水草和陆草。人工养殖条件下，食性较广，可适当投喂饼类、酒糟、蔬菜等
青鱼	习性	主要取食底栖动物，常在底层活动。喜欢在清新、微碱性水中生活
	食性	肉食性，喜食螺、蚌、蚬等软体动物。人工饲养条件下，可投喂一定量的豆饼、菜籽饼、蚕蛹、酒糟等
鲢（白鲢）	习性	幼鱼取食浮游动物，成鱼滤食水中浮游植物和浮游动物，属滤食性鱼类。喜欢生活在较肥的水体里，称肥水鱼。人工饲养可投喂豆饼、豆渣、酒糟、米糠等
	食性	白鲢取食的浮游生物主要分布在池塘表层，所以白鲢通常生活在水体的中、上层。性情活泼，喜欢跳跃，受惊时可跳出水面 60～100cm
鳙（花鲢、大头鱼、胖头鱼）	习性	通常生活在水的中、上层，性情温和，行动迟缓，不善跳跃
	食性	滤食性鱼类，终生以浮游动物为食，有时也取食浮游植物。人工饲养可投喂一些豆渣、酒糟等
鲤	习性	因以底栖动物为食，所以生活于水体下层。鲤性情温和，具有适应性强、杂食性、容易繁殖、生长快、疾病少等优点。鲤既可作为主养鱼，又可作为配养鱼；既可单养，又可与其他鱼类混养。鲤全国各地均有分布，是我国最普遍养殖的鱼类
	食性	属于杂食性鱼类。幼鱼吃浮游动物，成鱼吃底栖动物、植物。人工饲养可喂适量的米糠、豆饼、菜籽饼、麦麸、酒糟等
鲫（鲫瓜子）	习性	喜欢生活在下层水体中
	食性	属杂食性鱼类。以植物性饵料为主，摄食硅藻、水绵、水草、腐屑碎片、植物种子；也取食螺类、水蚯蚓等底栖动物及大型浮游动物。人工饲养可投喂一定数量的饼类、麦麸及酒糟等
团头鲂（武昌鱼）	习性	性情温和，属于静水湖泊生活鱼类，喜欢生活在水体中、下层。不仅能生活在淡水水域，在盐度较高的水域中也能正常生活
	食性	草食性鱼类，摄食鲜嫩水生、陆生草类。摄食能力不及草鱼，但可取食草鱼所不吃的荇菜。草鱼和团头鲂都是水体优良的"垦荒者"
鳊（长春鳊）	习性	在静水中生活，也能在流水中生活。主要生活在水体中、下层
	食性	草食性鱼类，取食浮游生物和水生植物。人工养殖时，可投喂各种蔬菜、鲜嫩旱草和各种人工合成饵料
罗非鱼	习性	栖息水层不稳定，水体上、下层都能活动。人工养殖的罗非鱼，指尼罗罗非鱼。尼罗罗非鱼抗病力和繁殖力均强，一年繁殖几代。可单养，也可以混养。与草鱼混养，可防止草鱼发病；与鲤混养，能促进鲤增产；稻田饲养尼罗罗非鱼，除草能力强于草鱼
	食性	典型的杂食性鱼。主要摄食浮游动物和浮游植物，也摄食高等植物和有机物碎屑等。饥饿时，常弱肉强食。人工养殖时，从幼鱼起就取食糠麸、豆饼粉、菜饼粉、蚕蛹粉及鱼粉等

（三）洄游

鱼类在一定的时间，集群由一定的途径进行有规律的游动，这种现象称洄游。洄游的原因是鱼类要寻找适宜的场所进行生殖、发育、觅食、生长和越冬。洄游包括生殖洄游、索饵洄游、越冬洄游、降海洄游、溯河洄游。一般淡水鱼类现象明显。

二、鱼类对营养物质的需要

鱼类在整个生命活动过程中，需要蛋白质、糖类、脂肪、维生素和矿物质等营养物质。不同种类的鱼或同一种类鱼在不同的生长发育阶段以及不同环境条件下，对营养物质的要求是不同的。

1. 蛋白质

蛋白质是组成鱼体的重要成分，也是鱼类生长的物质基础。它是鱼类饲料中最重要的成分，也是评价鱼饲料质量高低的主要指标。

鱼类对蛋白质的需要量是随鱼的种类、年龄、个体大小、不同的生长发育阶段、温度、盐度、水中含氧量以及其他环境因子和养殖方式等的不同因素而变化。肉食性鱼类，要求饲料中蛋白质含量高一些，如鳗鲡，蛋白质最适含量为50%～55%；杂食性鱼类次之，如鲤为40%左右；草食性鱼类要求较低，如罗非鱼为25%左右。幼鱼代谢旺盛，增重快，对蛋白质的需要量高。高密度流水养鱼、网箱养鱼等方式投喂饲料的蛋白质含量也高一些。

鱼类对饲料中蛋白质的含量要求比一般饲养动物高。但是，当蛋白质含量达到一定限度以后，如果再继续增加，则不会提高蛋白质的利用率和加快鱼类的生长速度，反而会产生有害的作用，甚至产生中毒现象。如养鲤，当饲料中蛋白质含量超过50%时，鲤摄食量会逐渐下降，生长减慢，成活率降低。

饲料的营养价值，不仅与蛋白质的数量有关，而且与蛋白质的质量，即氨基酸的组成有关。鱼类的必需氨基酸有10种：异亮氨酸、亮氨酸、赖氨酸、蛋氨酸、苯丙氨酸、苏氨酸、色氨酸、缬氨酸、精氨酸、组氨酸。饲料蛋白质必须含全部的必需氨基酸，而且数量充足、比例适当，才能满足鱼类营养上的需要，保证鱼类正常生长发育。

2. 糖类

糖类是鱼类生命活动的能量来源，经消化分解为单糖，被鱼体吸收利用。多余的部分，可转变为脂肪积累起来，当食物不足或停止摄食时，鱼可分解鱼体脂肪维持生命。因此，适当多喂一些糖类含量高的饲料，可提高鱼体的含脂量和鱼种越冬能力。但饲料中糖类含量过高，一方面会降低蛋白质的消化率，另一方面又会使鱼患“高糖肝”疾病。

肉食性鱼类对糖类的利用率很低；草食性鱼类体内有淀粉酶和纤维素酶，能有效地消化淀粉和粗纤维。

温水性鱼类饲料中糖类的适宜含量为30%；冷水性鱼类为21%左右。

在配合饲料中，加适量的纤维素有利于提高饲料颗粒的硬度，减少营养成分在水中的溶失。但鱼类对纤维素消化利用的能力很差，饲料中纤维素相对含量过多，不但容易浪费，而且污染水质。

3. 脂肪

饲料中的脂肪是能量来源之一，鱼类体内需要一定量的脂肪，以维持健康生长，尤其在越冬前，体内积累大量的脂肪，可供越冬期间消耗。

在配合饲料中，一般脂肪含量在15%以下。鲤饲料中的脂肪含量为10%～15%；鳗鲡为10%；香鱼不超过5%。

脂肪很容易氧化变质，因此最好在投饲前临时加到饲料中去；若与其他饲料同时配合，必须加抗氧化剂。

4. 维生素

维生素是鱼类营养代谢所必需的一些微量有机物质。维生素种类繁多，生理功能各异，但都是维持鱼体健康和正常生长发育所不可少的。鱼类饲料中适当加入维生素，还可增加鱼类的抗病力，提高成活率，促进生长。长期缺乏维生素时，就会造成代谢失调，生长受影响，并产生各类维生素缺乏症，以致死亡。

5. 矿物质

矿物质是构成鱼体组织的重要成分，是维持机体正常生理代谢和平衡不可缺少的物质。鱼体需要量最多的是钙和磷，因其是组成骨骼的主要成分。当体内缺少钙、磷时，鱼的食欲就会减退，生长缓慢。鱼类饲料内除含有钙、磷外，钾、钠、铜、铁、锰、碘等也是鱼类所需要的，虽然需要量很少，但都是鱼体代谢不可缺少的成分。

三、鱼饵料的种类

（一）天然饵料

1. 浮游植物

鱼池中常见的浮游植物有金藻、黄藻、甲藻、硅藻、裸藻、绿藻、蓝藻等。鱼类经常食用又易消化的是硅藻、隐藻、金藻和黄藻。

浮游植物是白鲢、花鲢及杂食性鱼类的重要饵料，也是浮游动物的饵料。

2. 浮游动物

浮游动物是幼鱼阶段和一些滤食性鱼类成鱼阶段的主要饵料。常见的有原生动物（肉足类、纤毛类）、枝角类（水蚤，俗称红虫）、桡足类和轮虫等。

3. 底栖动物

底栖动物是生活于池塘底部一类小型动物。如水蚯蚓、水生昆虫的幼体、软体动物中的幼小螺类、蚌类等，都是青鱼、鲤、鲫等鱼类的主要饵料。

4. 水生植物

水生植物的种类很多，如苦草、轮叶黑藻、马来眼子菜、菹草、浮萍、水浮莲等，是草鱼、鳊等鱼类的主要饵料。

（二）人工饲料

人工饲料包括各种商品饲料和人工配合饲料，前者按主要营养成分划分为蛋白质饲料、能量饲料及矿物质饲料，后者为营养全价的各种配合饲料。

1. 植物性饲料

(1) 谷实和豆类　常用的有麦类、玉米、黄豆等。黄豆蛋白质含量在38%以上，必需氨基酸的含量较多，是营养价值较高的饲料（表1-7）。

养鱼常用的有豆饼、花生饼、棉籽饼、菜籽饼等。它们含有丰富的蛋白质，粗蛋白质含量在30%～40%，是鱼用饲料的主要蛋白源。棉籽饼含有少量棉籽酚，对家畜有毒害作用，但喂鱼不经处理也无危害。

(2) 糠麸类　除有一定的粗蛋白质、脂肪和较多的糖类外，还有丰富的维生素，常作为配合饲料的重要成分（表1-7）。

表1-7　常用谷物、饼粕及糠麸饵料成分　单位：%

饲料名称	水分	(粗)蛋白质	(粗)脂肪	(粗)纤维	无氮浸出物	粗灰分
黄豆	10.00	36.30	18.40	4.80	25.00	5.00
蚕豆	13.00	28.20	0.80	6.70	49.00	2.70
大米	12.40	7.40	1.00	0.70	77.70	0.80
小麦粉	13.40	12.00	0.80	2.90	70.40	1.50
玉米	12.00	8.50	4.30	1.30	71.70	1.70
高粱	13.50	10.30	4.60	1.50	68.00	2.00
大麦	14.50	10.00	1.90	4.00	67.10	2.50
豆饼	13.50	42.00	7.90	6.40	25.00	5.20
花生饼	10.00	45.50	8.00	4.80	25.20	6.50
棉籽饼	9.50	31.40	10.60	12.30	30.00	5.30
菜籽饼	10.00	33.10	10.20	11.20	27.90	7.70
芝麻饼	8.10	33.30	13.30	5.10	15.10	25.20
糠饼	10.40	16.50	5.80	8.20	49.10	9.90
米糠	13.50	11.80	14.50	7.20	28.00	25.00
麸皮	12.80	11.40	4.80	8.80	56.30	5.90
高粱糠	13.50	10.20	13.40	5.20	50.00	7.70
大麦麸	13.50	6.70	1.70	23.60	44.50	10.00

(3) 青饲料　包括水生植物和陆生植物，是草鱼、鳊的饲料，有的也可作为鲤、鲫、罗非鱼等的饲料。水生植物如天然饵料部分所述。陆生植物有稗草、狗尾草、狼尾草、苏丹草、苦荬菜、野莴苣、蒲公英以及各种蔬菜叶、瓜蔓等。青饲料是草食性鱼类很喜欢吃的饲料，不仅含有大量的水分和纤维素，还含有较丰富的维生素及胡萝卜素等。因此，青饲料除了作为草鱼、鲂、鳊等草食性鱼类和杂食性鱼类的主要饲料外，还可作为其他大多数养殖鱼类的辅助饲料。青饲料可以鲜用，直接喂鱼或打成草浆喂鱼，也可以晒干磨成粉掺到配合饲料里使用。种植和采集青饲料养鱼，是解决饲料不足，降低养鱼成本的重要措施。

(4) 粪便类　人、畜和禽的粪便，除可作为肥料之外，还可以被鲤、鲫、罗非鱼、鲴等直接摄食。粪便的营养成分见表1-8、表1-9。

表 1-8　人粪便主要成分　　单位：%

类别	水分	有机物	氮素	磷肥	氧化钾
人粪	70 以上	20	1.00	0.5	0.37
人尿	90 以上	3	0.50	0.13	0.19
人粪尿	80 以上	5～10	0.5～0.8	0.2～0.4	0.2～0.3

表 1-9　家禽、家畜粪便主要成分　　单位：%

类别	水分	有机物	氮素	磷肥	氧化钾
猪粪	82.00	16.00	0.60	0.50	0.40
猪尿	94.00	2.50	0.40	0.05	1.00
牛粪	80.60	18.00	0.31	0.21	0.12
牛尿	92.50	3.10	1.10	0.10	1.50
羊粪	68.00	29.00	0.60	0.30	0.20
羊尿	87.50	8.00	1.50	0.10	1.80
马粪	75.00	23.20	0.55	0.31	0.33
马尿	89.10	6.90	1.20	0.05	1.50
鸡粪尿	50.00	25.50	1.63	1.54	0.85
鸭粪尿	56.60	26.20	1.10	1.40	0.62
鹅粪尿	77.10	23.40	0.55	0.50	0.95
鸽粪尿	51.00	30.80	1.76	1.78	1.00

另外，青草、动物粪便等也是鱼最廉价的饲料来源，见表 1-10。

表 1-10　施用各种有机肥时浮游生物增长情况（以鲢为参照）

肥料种类	鲢易消化的浮游植物增长倍数	鲢不易消化的浮游植物增长倍数	浮游动物增长倍数
人粪	6.0	45.6	60.0
牛粪	10.7	15.9	51.3
野草	9.6	12.1	36.1
对照	0.4	0.8	5.6

2. 动物性饲料

动物性饲料含有丰富的蛋白质、矿物质和维生素，必需氨基酸也比较完善，是营养价值较高的饲料。常用的有鱼粉、蚕粉、血粉、各种螺、蚬及蚯蚓、蝇蛆等。

使用动物性饲料，一定要注意饲料的鲜度。不新鲜的饲料，维生素和氨基酸被破坏，营养价值低；腐败变质的饲料，由于蛋白质的分解和脂肪的氧化，产生有毒的物质，鱼吃后容易发生鱼病。因此，要注意动物性饲料的卫生和保鲜。动物性饲料成分见表 1-11。

表 1-11　动物性饲料成分　　单位：%

饲料名称	饵料干、鲜	水分	粗蛋白质	粗脂肪	粗纤维	无氮浸出物	粗灰分
鱼粉(秘鲁)	干	9.80	62.60	5.30	—	2.70	19.60
鱼粉	干	12.70	36.10	2.30	—	2.30	46.60
蚕蛹	干	7.30	56.90	24.90	3.30	4.00	3.60
羽毛粉	干	8.20	83.30	3.70	0.60	1.40	2.80
蚯蚓	干	—	10.00	0.01	—	0.40	—
血粉	干	9.20	83.80	0.60	1.30	1.80	3.30
田螺肉	鲜	80.40	1.40	3.80	—	1.50	—

3. 人工配合饲料

人工配合饲料是指将多种原料按一定比例配合起来制成的人工饲料。目前，国内外常用的配合饲料有以下5种。

(1) 粉状饲料　粉状饲料是将原料粉碎再充分混合而成，直接投入水中，入水后呈胶质悬浮状态，不会立即下沉水底，这样就容易被鱼摄食。粉状饲料适用于饲养鱼苗、小鱼种以及摄食浮游生物的鱼类，如青鱼、草鱼、鲢、鳙、鲤、鲫、鳊等鱼类的鱼苗、小鱼种以及鲢、鳙成鱼等。能够摄食颗粒饲料的鱼，一般不使用粉状饲料。

(2) 面团状饲料和饼状饲料　面团状饲料和饼状饲料就是将原料粉碎、搅拌、喷油、加水，再加入黏合剂而调制成的配合饲料。这种饲料富有弹性，黏结性能良好，能保持原料固有的营养成分。如鳗鲡、虾类和一龄鱼种均适宜使用这种饲料。调制饲料时，加水量很重要，搅拌时间应控制在30s左右，过长时间的搅拌反而会减少黏性和弹性。面团状饲料虽然具有良好的黏结性能，但仍会在水中溶失，因此，应尽量减少在水中的浸泡时间。

(3) 硬颗粒饲料　原料经粉碎机粉碎，再经搅拌机混合，送入颗粒机制成硬颗粒饲料。许多养殖品种都适宜饲喂硬颗粒饲料，如鲤科鱼类、鳟、鲑、鲶、罗非鱼等。

大菱鲆饵料及饵料制粒机

(4) 软颗粒饲料　与硬颗粒饲料类似，但由软颗粒机器生产。我国饲养的草鱼、鲤和鳊等都很喜欢摄食这种软颗粒饲料。

(5) 膨化饲料（泡沫饲料）　浮性很好，能在水面漂浮24h而不溶散，是一种高淀粉饲料，所以要满足所有鱼类的需要是有困难的。日本目前生产的膨化饲料主要用于饲养观赏鱼类，并开始用于鲤的饲养。

（三）鱼饲料的贮存

鱼饲料的贮存对于保持饲料中的营养成分是极为重要的。如果贮存得不好，就可能破坏和损失一些重要的营养物质，如鱼油、血粉很容易氧化而降低其活性，维生素C在常温条件下也最容易损失。在高温条件下，饲料易滋生霉菌并变质，有些霉菌还会产生对鱼类有毒的物质。为了防止霉菌的生长，可在饲料生产过程中加入0.25%的丙酸或0.3%的丙酸钠。一般来说，在常温条件下，饲料保存期为90d。

饲料应该贮存在干燥的环境中，要尽量减少与光和氧气的接触，最好密封保存，可贮存在无毒塑料袋或塑料桶内。贮存时间较长时，其含水量不得超过13%。为了防止饲料氧化，可以加一些维生素E和抗氧化剂BHT等。

四、无机肥料

无机肥料又称为化学肥料，简称化肥；因施用后一般肥效快，故又称为速效肥料。无机肥料依所含成分的不同，可分为氮肥、磷肥、钾肥和钙肥等。无机肥料的特点是：成分比较单纯、易确定，大多数是一种肥料仅含一种成分；施于水中见效很快，对池塘污染较小，而且池塘的自净能力强，能很快自我调节；用量较小，操作方便。无机肥料在国外池塘养鱼中应用较广，在我国养殖生产上也日益受到重视。今后随着渔业生产的进一步发展，化肥将在渔业养殖中发挥巨大的作用，见表1-12、表1-13。

表 1-12 各种肥料混合施用情况

	1	2	3	4	5	6	7	8	9	10	11	12	13
1													
2	△												
3	√	√											
4	√	√	√										
5	×	×	△	×									
6	√	√	√	√	×								
7	×	×	△	×	√	△							
8	√	×	√	√	√	△	√						
9	√	√	√	√	△	√	√	√					
10	×	×	×	×	√	×	√	√	△				
11	△	△	√	△	×	√	×	√	√	×			
12	×	×	×	×	√	×	×	×	√	√	×		
13	△	×	△	×	√	√	√	√	√	√	√	×	

注：图中“√”表示两种肥料可以混合施用；“×”表示两种肥料不能混合施用；“△”表示两种肥料混合后立即施用，不宜久存，否则会降低肥效。

图中阿拉伯数字分别代表：

1. 硫酸铵、氯化铵 2. 碳酸氢铵、氨水 3. 尿素 4. 硝酸铵 5. 石灰氮 6. 过磷酸钙 7. 钙镁磷肥 8. 磷矿粉肥 9. 硫酸钾 10. 窑灰钾肥 11. 人粪尿 12. 石灰、草木灰 13. 堆肥、厩肥

表 1-13 各类肥料的生产效果

项目	种类					
	绿肥	粪肥	混合堆肥(厩肥)	无机混合肥	有机、无机混合肥	生活污水
营养物质	全面	全面	全面	较差	全面	全面
对水质影响	易污染	易污染	可能污染	无污染	不致污染	易污染
病害传染	易传病	易传病	未发现	不传病	未发现	未发现
来源	广	广	广	尚有困难	尚有困难	不广
成本	低	低	低	较低	较低	最低
操作	简便	简便	较复杂	最简便	简便	简便

使用肥料时还应考虑化学物质对鱼的致死浓度，见表 1-14。

表 1-14 部分化学物质对鱼的致死浓度 单位：mg/L

化学物质	致死浓度	化学物质	致死浓度
酚	100	氢氧化铵	2
甲酚	1	硫化氢	1
氰化钾	0.4	萘	10
硫酸铜	0.8	高锰酸钾	10
氯	2		

经验介绍一 养殖池塘有害藻类的防除方法

当池塘水体的环境因子发生特殊变化时，往往会产生大量有害藻类并成为优势种群，抑

制有益藻类的生长，造成水质恶化，影响鱼类生长，导致水体的生产力下降，严重时对养殖水产品的安全造成危害。现将几种常见有害藻类的防除方法介绍如下。

1. 青泥苔

青泥苔是丝状绿藻（双星藻、转板藻和双星藻科的水绵）的总称。春季随水温的上升，青泥苔在池塘浅水处开始萌发，早期像毛发一样附着在池底或者像网一样悬浮在水中；衰老时丝体断离池底，呈黄绿色漂浮在水面。

（1）发生的条件　多出现在水位浅、水质较瘦的池塘中，春、夏、秋三季均可发生。

（2）危害　当青泥苔大量繁殖时，因消耗水体中的养分使水质变得更清瘦，影响鱼类正常生长。当培育苗种的池塘出现青泥苔时，苗种易被缠绕致死，降低成活率。

（3）防除措施

① 清除池塘中青泥苔最简单易行的办法是交换池水，改变水体 pH 和营养水平。并施基肥培肥水质，抑制青泥苔的生长。

② 未放养的池塘可用生石灰粉或草木灰撒在青泥苔上，使它不能进行光合作用而死亡。对已经放养的池塘，可用 $0.7\sim1.0g/m^3$ 的硫酸铜全池泼洒杀灭，杀灭后应及时抬高水位、追施有机或无机肥，提高水体的肥度至 20～30cm，减少阳光射入池塘底部量。

③ 每亩（1 亩≈$667m^2$）用 25～30g 扑草净拌湿土撒于青泥苔上进行杀灭或使用青苔净、蓝藻杀星等杀藻剂进行处理，一次使用面积不得超过池塘 1/3；清除青泥苔后应注意防止其腐败物恶化水质，及时进行水体增氧。

2. 水网藻

水网藻多发生在水质较肥的浅水鱼塘中，池塘中水网藻多时，生长旺盛的丝状藻体集结于网带，幼鱼误入网中常会因呼吸困难和无法摄食而死亡。同时，水网藻大量繁殖时消耗池塘水中的养料，影响鱼类生长。防除方法与防除青泥苔的方法相同。

3. 蓝藻

蓝藻类（如微囊藻、鱼腥藻、颤藻等）在养殖水体大量繁殖生长，形成强势群体时，池塘表层会漂浮着一层油绿色的薄膜（俗称“水华”）。严重时薄膜越叠越厚，可以布满整个水体，被阳光照射后水面呈现出黄绿色（俗称“湖靛”），伴有腥臭味，严重的还飘逸出硫黄的味道。

（1）发生的条件　当水温在 20℃以上，水体富营养化，具有较高的 pH、适宜的光照强度和光照时间时，微囊藻繁殖最快，因此，“水华”“湖靛”多发生在盛夏至初秋季节，有明显的季节性。

（2）危害　当微囊藻生长过于旺盛时，其常因水体中的溶氧不够生长需要而死亡。藻体被细菌分解时，会消耗水体中大量的溶氧，同时产生羟胺、硫化氢等有毒物质，对鱼类生长非常不利，甚至毒死鱼类。

（3）防除措施

① 加强水质调控，切实搞好预防。可以通过经常性地注排水、增加底层水体溶氧量、泼洒微生态制剂（如光合细菌、芽孢杆菌、硝化细菌等）等措施降低水体中的有机物质，加速氮循环，增加水体有效氮的含量，促进其他有益藻类的繁殖，抑制微囊藻“水华”的

发生。

② 对已经出现微囊藻"水华"的池塘，可泼洒0.7mg/L的硫酸铜或其他灭藻剂及早进行杀灭。杀灭后，应采取换水、施肥等措施，重新培肥水质。

4. 甲藻

在池塘中对鱼类产生危害的甲藻有多甲藻和裸甲藻。多甲藻为黄褐色，大量繁殖时，在阳光照射下水体呈红棕色，俗称"红水"或"铁锈水"。裸甲藻为蓝绿色，喜光群集，大量繁殖时池水往往呈蓝绿色，有时出现绿色带状或云块状"水华"，俗称"扫帚水"或"乌云水"。

（1）发生的条件　多甲藻和裸甲藻喜欢生长在含有机质多、硬度大、呈碱性的池塘水体中。其大量繁殖现象在5～10月份容易发生。

（2）危害　甲藻对环境的变化非常敏感，在极度繁殖后，如遇天气、水温、pH等变化时，易大量死亡，导致水质突变，成为"臭清水"，俗称"转水"。养殖水产品常因水体急剧缺氧和甲藻毒素而大批死亡，俗称"泛池"。

（3）防除措施　①甲藻类对环境的变化比较敏感，当水体中大量出现时，可采取加注新水或换水的方法，抑制其生长繁殖。②用0.7g/m^3硫酸铜全池泼洒杀灭，2～3d后，换水1/2左右。

5. 嗜酸性卵甲藻

嗜酸性卵甲藻系寄生性单细胞甲藻，在鱼体表面寄生后，会使鱼类感染"打粉病"。病鱼全身像裹了一层白粉，白点连成片。

（1）发生的条件　适合生长在pH 5～6.5、水温22～32℃、水质清瘦的浅水池塘中。

（2）危害　嗜酸性卵甲藻与鱼类接触后，附着在鱼体上，脱去鞭毛，营寄生生活。开始时在鱼的背鳍、尾鳍及背部先后出现白点，并逐渐蔓延至尾柄、身体的两侧、头部及鳃内；当体表的白点连成一片时，体表好像裹住一层白粉，俗称"打粉病"。粉块脱落处，皮肤发炎溃疡，常并发水霉病，导致鱼类死亡。

（3）防除措施

① 养殖期间定期泼洒生石灰，每次用量为20～40g/m^3，调整池塘水质呈中性或者弱碱性可抑制其繁殖。

② 发病后，将病鱼迅速转入到中性或弱碱性池塘中，可杀灭嗜酸性卵甲藻。

③ 当发现鱼体上有肉眼可见的白点时，可投入新鲜的枫树枝，每亩水体用量25～30kg。每5kg扎成一捆，均匀投入到鱼池中，枫树叶应全部沉入水中。大约7d，鱼体上的白粉就逐渐消失。另外，发生此病时忌用硫酸铜全池泼洒，因为使用后往往会加重病情而导致鱼类大量死亡。

6. 三毛金藻

危害池塘养殖的主要为三毛金藻属的舞三毛金藻和小三毛金藻。

（1）发生的条件　适合生长在盐度3‰以上、氯化物含量2000mg/L以上、pH7.2～9.6、硬度40德国度以上的水体中。主要发生在盐碱地区的池塘，多生存于水体的中、下层。当水体中有大量三毛金藻时，水体呈棕褐色或黄褐色。四季均可发生，但主要发生在低温季节。

（2）危害　三毛金藻能分泌一种使鱼类中毒的溶血素和鱼毒素，可引起鱼类中毒死亡。鱼中毒后，上层鱼类向池塘四隅集中。随着中毒的加深，中层、底层鱼类也相继排列在池岸的浅水边，一般头向岸边，静止不动，受到惊扰也无反应。发生此病时，禁用生石灰全池泼洒，因为生石灰能增加其毒素的毒性。

（3）防除措施

① 对新开挖的盐碱地池塘，要用淡水反复浸泡，降低水体的盐度。合理适量施肥，保持水体肥度，透明度以不高于 25cm 为宜。

② 当三毛金藻大量出现后，排掉上层“老水”，加注水质较肥、盐度较低的“新水”。

③ 全池泼洒 $20g/m^3$ 碳酸氢铵或 $15g/m^3$ 尿素，可使三毛金藻膨胀解体死亡。

④ 全池泼洒 $0.7g/m^3$ 硫酸铜，2d 后更换池水 1/2，并追施氮肥和钙肥，培肥水质，抑制、杀灭三毛金藻。

经验介绍二 ▶▶ 北方地区如何降低鱼饵料对水质的污染

要解决好饵料的污染问题，必须从营养学的角度控制污染源，从而实现绿色养殖的目标。

1. 合理控制饲料成分的比例

目前一些厂家在配置水产配合饲料时，往往只是片面考虑水产动物对蛋白质的需求量，而忽视了水产动物对能量的需求量，添加大量鱼粉是导致高磷和高氮污染的主要原因。在设计配方的时候，可以适当提高饲料的能量含量并减少蛋白质含量，从而减轻由高蛋白质水平导致的氨氮污染程度。

2. 提高蛋白质的生物学价值

水产动物排泄的大量含氮物质主要来自饲料中那些未被消化利用的粗蛋白质和氨基酸。采用理想的蛋白质模式，改善蛋白质中各种氨基酸的平衡状况，可提高蛋白质的生物学利用价值，有效降低饲料蛋白质水平；提高饲料中氮的利用率，减少粪便中氮的排泄量。这样既可节省大量的天然蛋白质饲料资源，又可减轻氮污染。

3. 合理使用添加剂

部分添加剂的合理使用可以在一定程度上改善饲料的品质和风味，促进水产动物摄食，提高饲料的利用率，从而可以减轻对水体环境的污染程度。

（1）肽制剂　为了降低饲料成本，在配制水产饲料时往往需要添加一定量的植物性原料。肽是一种高效的生物活性物质，使用肽制剂后不仅可以改善饲料的适口性，而且还可以全面促进饲料营养成分的消化和吸收，提高饲料利用率，从而大大减少水产动物排泄物中的有机物、氮、磷等营养物质的排出量，减少饲料中未消化物质对水环境的污染。

（2）高效矿物质　矿物质是水产动物生命活动和水产养殖生产过程中不可缺少的一类营养物质。虽然水产动物可以从水环境中吸收一部分矿物质，但仍不能满足生长需要，因此必须在饲料中补充一定量的矿物质。目前我国饲料矿物质添加剂的使用还停留在无机盐阶段，而以无机盐形式添加的矿物质在动物体内利用率极低，容易导致添加量的不断增加，对环境的污染也越来越严重。有机盐形式的矿物质添加剂则可以提高矿物质的生物利用率，减少其在饲料中的添加量，降低生产成本，同时减轻对环境造成的污染。

4. 改善加工工艺

饲料加工工艺（如粉碎、混合、制粒以及膨化等）可影响水产动物对饲料营养成分的利用率。在生产水产饲料时，应该根据不同品种的生活习性、不同的发育阶段以及不同的生理功能，采用相应的生产工艺，配制适合其摄食和消化的优质饲料。

开发低污染水产饲料是饲料工业和养殖业发展的必然趋势，也是缓解养殖业与环境之间的恶性循环和生产无公害水产品的前提。总的来说，低污染水产饲料的应用将成为今后水产养殖业发展的方向。

经验介绍三 ▶▶ 如何正确掌握投喂饵料的数量

饲料投喂是水产养殖中的一大关键环节，随着集约化水产养殖模式的不断推广应用，水产饲料在养殖过程中所发挥的作用也越来越重要，饲料投喂技术相应成为水产的一大关键因素，日益受到养殖者的重视。在养殖实践中，一些养殖户由于不能正确掌握投喂饲料的数量，不懂得识别鱼类的饥饱，不讲究投喂的方法，导致水产品单产低、病害多、经济效益差。

1. 根据季节更替变化，及时调整投喂标准

夏季水温低，鱼小、摄食量小，在晴天气温升高时，可投放少量的精饲料。当气温升至15℃以上时，投饲量逐渐增加，每天投喂量占鱼类总体重的1%左右。夏初水温升至20℃左右时，每天投喂量占鱼类总体重的1%～2%，但这时也是多病季节，因此要注意适量投喂，并保证饲料适口、均匀。盛夏水温上升至30℃以上时，鱼类食欲旺盛，生长迅速，要加大投喂量，日投喂量占鱼类总体重的3%～4%，但须注意饲料质量并防止剩料，且需调节水质，防止污染。秋天天气转凉，水温渐低，但水质尚稳定，鱼类继续生长，仍可加大投喂，日投喂量占鱼类总体重的2%～3%。冬季水温持续下降，鱼类食量日渐减少，但在晴好天气时，可少量投喂，以保持鱼体肥满度。

2. 根据养殖种类不同，相应调整投喂数量

不同种类的鱼，其潜在生长能力及生长所需营养要求各不相同，因此其投饲量也有区别。如草鱼在25℃左右时的投饲率为5%～9%，鲮则为2%。同种类其投饲量也不尽相同，如体重100g的尼罗罗非鱼投饲率为1.6%，而同体重的莫桑比克罗非鱼则会达到2.4%。所以应根据养殖种类的不同，相应调整投喂数量，确保鱼类健康生长。

3. 根据吃食时间长短，灵活调整投喂标准

鱼类吃食时间不尽相同，当按照常规标准投喂一定数量的饲料后，鱼类吃完饲料所用时间不足2h，说明投饲不足，应适当增多。

复习思考题

1. 天然饵料的种类有哪些？
2. 配合饲料的种类有哪些？
3. 无机肥料有哪些特点？
4. 植物性饵料种类有哪些？
5. 细菌在综合养鱼池中起什么作用？

关键技术3 淡水鱼类人工繁殖

鱼类生长到一定阶段后，便开始性成熟。不同鱼类性成熟年龄不同，即使是同一种鱼类，因所处地区、栖息水域、饲养条件等不同，主要是因水温的不同，性成熟年龄也不同。如鲤性成熟年龄为2龄以上，鲫（北方）2龄以上，草鱼4龄以上，鲢3龄以上，鳙5龄以上，青鱼7龄以上。

鱼类产卵习性因鱼种类不同而异。鲤、鲫在淡水中生长，在淡水中繁殖，不需长途洄游；鲥在海洋中生长，在淡水中产卵；青鱼、草鱼、鲢、鳊生长在江、河、湖泊，而到繁殖季节，就要到江、河流水中的特定场所产卵。近年来，采用人工授精方法，也可在池塘人工繁殖鱼类。

大多数鱼类都是体外受精，鱼的精子和卵子在受精前有一段时间是在亲体外的水中度过的，损失较大，所以鱼的产卵量都很多。例如，0.2～0.25kg重的鲫产卵量达24万多粒。

鱼的卵子可分为沉性卵、浮性卵和黏性卵。一段来说产浮性卵的鱼类产卵量多，产黏性卵的鱼类产卵量相对少些。下面以鲤和鲫为例，学习淡水鱼类人工繁殖技术。

一、亲鱼的选择与饲养

（一）亲鱼的选择

用来繁殖产卵的雌雄鱼称为亲鱼，亲鱼必须有所选择，以增加产卵量、繁育健壮鱼苗。亲鱼选择标准有以下5条。

（1）外表　体高背厚，无伤无病，体色鲜艳，鳞片完整。

（2）年龄和体重　雌鲤3龄以上，体重1.5～5.0kg；雄鲤2～3龄以上，体重1.0～2.5kg。雄鲫2龄以上，体重0.25kg左右；雌鲫2龄以上，体重0.20kg左右。

（3）体质和适应性　从池塘中选取体质健壮、怀卵量高并习惯于池塘产卵的亲鱼；也可以从江、河、水库中捕捞亲鱼，但应及早放入池塘，使其适应池塘环境。

（4）雌雄鉴别　雄鱼身体狭长，腹部扁平；雌鱼身体宽阔，腹部饱满。鱼类在接近或达到性成熟时，在性激素的作用下，出现第二性征，特别在雄鱼身体上较为明显。这些第二性征有的终生存在，如鲢、鳙；有的在繁殖季节过后即消失，如草鱼、青鱼、鲮等。区别家鱼雌雄的方法基本相同，主要是从性腺发育良好的个体的胸鳍来区分，雌雄鱼的主要第二性征见表 1-15。

表 1-15 雌雄鱼第二性征的比较

种类	雄鱼特征	雌鱼特征
鲢	1. 胸鳍前几条鳍条上，特别在第一鳍条上，明显地生有一排骨质的细小齿，粗糙，生后不再消失 2. 腹部较小，性成熟时，轻压生殖孔有乳白色的精液流出	胸鳍光滑，但个别鱼的胸鳍中、下部分有些齿
鳙	1. 在胸鳍前面的几根鳍条上缘各生有似刀的锋口，用手左右抚摩，如摸在钝刀锋上的感觉 2. 腹部较小，性成熟的个体，轻压生殖孔有乳白色精液流出	胸鳍光滑
草鱼	1. 胸鳍第 1、2 根鳍条较长，前端呈尖形，自然张开呈尖刀形 2. 胸鳍鳍条较厚 3. 胸鳍较长，可覆盖 7～8 片鳞片 4. 臀鳍末端自然张开是平直的 5. 腹部鳞片小而尖，排列紧密 6. 在生殖季节，性腺发育良好的鱼，胸鳍及鳃盖上出现追星 7. 性成熟时，轻挤生殖孔有乳白色精液流出	1. 胸鳍第 1～4 根鳍条较长，前端较钝，自然张开呈扇形 2. 胸鳍鳍条略薄 3. 胸鳍较短，可覆盖 6～6.5 鳞片 4. 臀鳍末端自然张开，呈波浪形 5. 腹部鳞片大而圆，排列较稀 6. 一般无追星
青鱼	基本上同草鱼，在生殖季节性腺发育良好的鱼，胸鳍、鳃盖和头部均出现追星	基本上同草鱼
鲮	在胸鳍的第 1～6 根鳍条上有圆形白色追星，第 1 根鳍条上分布最多，手抚摩时，有粗糙感觉，头部也有追星	胸鳍光滑，无追星

在繁殖季节，雄鱼鳃盖、胸鳍上有白色颗粒状的追星，体表粗糙，挤压腹部有精液流出。雌鱼泄殖孔较凸出，有些红肿；雄鱼泄殖孔凹下，呈狭长形，不红肿。

（5）雌雄比例　鲤雌雄比为 1∶1，或雄鱼稍多些；鲫的雄鱼少，雌鱼比例可略高些。

（二）亲鱼的饲养

1. 饲养池条件

选择水源方便、保水性能良好的池塘。面积 1～3 亩，水深 1.5m 左右。放养前要清除过多淤泥和杂草，修整池埂，还必须进行药物清塘，杀死有害生物。常用清塘方法有两种。

（1）生石灰清塘　可分为干塘清塘和带水清塘两种方法。干塘清塘是先将池水排至 5～10cm 深，在池底四周挖一些小坑，将生石灰倒入小坑内，石灰水未冷却即向池中泼洒，石灰用量为每亩 60～75kg，经 3～5d 晒塘后，注入新水。带水清塘，水深 1m 的池塘，每亩用生石灰 125～150kg。淤泥厚的池塘，石灰用量应增加 10%左右。

（2）漂白粉清塘　水深 5～10cm，每亩用量 5～10kg，将漂白粉加水充分溶化后，立即全池泼洒。水深 1m，每亩用量 13.5kg。清塘后 7～10d 方可放鱼。

2. 放养密度

一般每亩水面可养鱼 100～150kg，为了控制产卵时间，做到集中分批产卵，产卵前 1 个月，雌雄鱼必须分塘单养。

3. 饲养管理

亲鱼下池以前，每亩施粪肥 500～800kg；以后可根据水质变化情况，每周每亩施肥

100～150kg，以保持水质肥沃。投喂的饲料主要有豆饼、麦麸及混合饲料。投喂量可按亲鱼体重推算，每天投喂亲鱼体重1%～2%的饵料。

产卵前，最好冲几次新水，以促进性腺成熟，从而达到在人工控制下亲鱼顺产、集中产卵的目的。

二、产卵

（一）产卵前的准备工作

（1）产卵池　选用背风向阳、注排水方便的池塘，面积350～700m^2，要先清除野杂鱼和杂草。

（2）孵化池　池塘面积1200～2000m^2，条件同产卵池，孵化池可兼作鱼苗培育地。

（3）鱼巢　鱼巢是激发鲤、鲫产卵和黏附受精卵的附着物。其可因地制宜，采用细须多、柔软、不易腐烂又无毒的材料制成。常用的有水草、金鱼藻、杨柳须根和稻草等。把材料扎成直径5～10cm一束，不要过大，以免中间部位不易着卵。

（二）自然产卵

当水温稳定在15℃以上，天气晴朗时，可将雌雄亲鱼并塘产卵，一般每亩可放雌雄亲鱼各40～50尾。雌雄亲鱼在产卵池中相互摩擦、诱情。傍晚时将其放入鱼巢，夜间注意观察。鱼巢上着卵较多时，待鱼卵附着牢固后，及时换上新的鱼巢。如果晚上和第二天早上仍不产卵，在中午将鱼巢收起，下午加注新水，刺激产卵。如果再不产卵，第三天可抽出部分水，池中留水20～30cm深，让亲鱼在浅水中游动、晒背，傍晚再注入新水60cm左右，次日即可产卵。

鲤、鲫产卵次数不等，有的可连产2～3次。午夜到黎明为产卵盛期，有时可延续到中午。

（三）药物催产

为了提高产卵效果和提早产卵，可采用人工催情产卵。催产剂有鲤、鲫脑垂体（3～4mg/kg）或促排卵素2号（30～50μg/kg），两者混合效果更佳。注射时间是16:00～17:00，注射部位为从胸鳍基部注射到胸腔。注射后，亲鱼放到产卵池中，用鱼巢产卵孵化。

三、孵化

（一）池中孵化法

该法具体分为两种方式：

（1）将产卵池内的附有卵粒的鱼巢取出，移到事先清塘的孵化池中进行孵化。

（2）将原产卵池池水放干，捕走亲鱼，把着卵鱼巢稀疏散开，加注新水，在原产卵池中孵化鱼苗。

孵化时，先将附着在鱼巢上的泥沙清洗干净。水温保持在18～32℃，以25℃左右最为适宜。注意清除蝌蚪等敌害。在鱼苗孵化前，用1×10^{-5}的高锰酸钾消毒，杀死水霉菌。

刚孵化的鱼苗缺乏独立活动能力，而吸附在鱼巢上生活。所以，应在鱼苗孵化 3d 以后再取出鱼巢。

（二）淋水孵化法

该法又称干孵化法。池中孵化法受天气等自然条件影响，孵化率偏低。室内淋水孵化法在室内孵化，容易控制温度、湿度，孵化率较高。

淋水孵化法方法很多，常用的是在室内搭架，架上铺草帘，将鱼巢平铺在草帘上，上盖一层稻草。每个架可摆 3～4 层。孵化室内温度要稳定，18℃左右经 4～5d、20～22℃经 3～4d、25℃左右经 3d 即孵化。室内始终保持鱼巢湿润，要经常向鱼巢淋水，为了防止霉菌滋生，可将鱼巢进行消毒，方法见池中孵化法。要及时下塘，当卵膜内幼苗眼点变黑时，及时把鱼巢移入孵化池，此时应注意温差不能太大。

（三）脱黏流水孵化法

先将人工授精的鱼卵用脱黏剂脱去黏性，再放入孵化缸内孵化。这种方法可提高孵化率。

脱黏剂有两种：① 细黄泥过筛（40～60 目/cm^2），与水混合成泥浆，浓度似黏米汤；② 滑石粉 100g、食盐 25g 及水 5kg，搅拌成悬浮液。脱黏时，将鱼卵撒入脱黏剂中，轻轻地不断搅动，直至卵分散为止；或者将脱黏剂倒入盛受精卵的盆中，不停搅动，使卵分散。脱黏后，捞出鱼卵，用清水洗净卵面上附着的脱黏剂，放到孵化设备中孵化。

经验介绍一 如何选用鱼用催产素

“四大家鱼”人工繁殖要成功，除亲鱼要培育好、繁殖设备配套、操作严格认真等以外，催产激素的选择和使用也十分重要。常用的催产激素包括鲤（鲫）脑垂体激素（PG）、绒毛膜促性腺激素（HCG）、促黄体素释放激素类似物（LRH-A）、地欧酮（DOM）、利血平（RES）等。其使用剂量以雌鱼体重计算，雄鱼减半。

（1）单独使用鱼垂体　一次注射：鲢、草鱼、鳙每千克体重用 3～4mg；青鱼每千克体重用 4～6mg。二次注射：第一针几种鱼均是每千克体重用 0.3mg，第二针鲢、草鱼、鳙每千克体重用 3～4mg，青鱼每千克体重用 4～6mg。

（2）单独使用 HCG 催产鲢和鳙一次注射，每千克鱼体重用 800～1200IU。

（3）单独使用 LRH-A 催产草鱼　一次注射：每千克鱼体重用 10～15μg。二次注射：第一针用 1μg，第二针用 10～15μg。

（4）HCG 与 LRH-A 混合使用　催产鲢、鳙：第一针按每千克鱼体重注射 1～2μg LRH-A，第二针按每千克鱼体重注射 10～15μg LRH-A 加 300～400IU HCG。催产青鱼：第一针按每千克鱼体重注射 1～2μg LRH-A，第二针按每千克鱼体重注射 15～20μg LRH-A 加 800～1200IU HCG。

近年来有些养殖场使用高效新型鱼类催产合剂，繁殖效果更好。“四大家鱼”常用高效新型催产合剂Ⅱ号和Ⅰ号，即 LRH-A 加 DOM，或 LRH-A 加 RES，具体参考用量以雌鱼体重计算，雄鱼减半。①鲢、鳙：每千克体重用 10～50μg LRH-A 加 3～5mg DOM。②草鱼：每千克体重用 10～20μg LRH-A 加 3～5mg DOM。③青鱼：第一针按每千克体重注射

9～10mg RES 加 50μg LRH-A，第二针按每千克体重注射 50μg LRH-A。

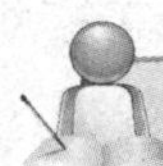

经验介绍二 ▶▶ 淡水养殖生石灰杀菌“四注意”

生石灰在淡水养殖中常用来杀灭病菌、调节水质等，为保证其使用效果，泼洒生石灰必须注意以下四点。

1. 注意池塘对象

一般精养鱼池，鱼类摄食生长旺盛，经常泼洒生石灰效果较好；新挖鱼池因无底淤，缓冲能力弱，有机物不足，不宜施用生石灰，否则会使有限的有机物加剧分解，肥力进一步下降，更难培肥水质。对于水体 pH 较低的池塘，要泼洒生石灰加以调节；水体 pH 较高、钙离子过量的池塘，则不宜再施用生石灰，否则会使水中有效磷浓度降低，造成水体缺磷，影响浮游植物的正常生长。

2. 注意使用剂量

用于改良水质或预防鱼病时，生石灰的用量为每亩水面每米水深要 13～15kg；治疗鱼病时用量为 15～20kg，但对于鲫出血的治疗，每亩水面每米水深要 25～30kg，因为用量少了反而会活化毒素、加重病情。用药后要观察鱼反应，以防剂量太大、水质陡变造成鱼不适。另外，对于淤泥较厚、水色较浓的池塘，要增加 10%～20%的用量；对于水色较淡、浮游植物较少的水，每亩水体用量 10kg 以下。

3. 注意泼洒时间

生石灰应现配现用，以防沉淀减效。全池泼洒以晴天 15:00 之后为宜，因为上午水温不稳定，中午水温过高，水温升高会使药性增加。夏季水温在 30℃以上时，对于池深不足 1m 的小塘，全池泼洒生石灰要慎重，若遇天气突变，很容易造成池水剧变死鱼。同样，闷热、雷阵雨天气不宜全池泼洒生石灰，否则会造成次日凌晨缺氧泛池现象的发生。另外，河蟹、虾类脱壳之前应适量泼洒生石灰水，这样可增加水中的钙离子，提高水体的碱度，有利于蟹、虾的脱壳生长。

4. 注意配伍禁忌

生石灰是碱性药物，不宜与酸性的漂白粉或含氯消毒剂同时使用，否则会产生颉颃作用降低药效。生石灰不能与敌百虫同时使用，防止敌百虫遇碱水解生成敌敌畏增大毒性。生石灰不能与化肥或铵态氮肥同时使用，在 pH 较高的情况下，总氨中非离子氨的比例增加，容易引起鱼类的氨中毒。生石灰若与磷肥同时使用，活性磷在 pH 较高的含钙水中，很容易生成难溶羟基磷灰石，使磷肥起不到作用。生石灰若与以上药物、化肥连续使用，要有 5d 以上的间隔期。

复习思考题

1. 亲鱼的选择标准有哪些？

2. 鱼常见的孵化方法有哪些？
3. 产卵前的准备有哪些？
4. 养鱼池塘常用的消毒方法有哪些？

关键技术 4 淡水鱼类鱼苗育种

从鱼卵中刚孵化出来的小鱼，称鱼苗或“水花”。鱼苗经过 15～20d 的培育，养成体长 3cm 左右的幼鱼，称为夏花，又称火片鱼种。从鱼苗培育成夏花的过程称为鱼苗培育。夏花再经过 3～5 个月培育，养成 8～20cm 的幼鱼，称为秋片，这一培育过程称为鱼种培育。冬季出塘的鱼种，称为冬片镇鱼种；第二年春天出塘的鱼种，称为春片鱼种。

鱼苗和鱼种是养殖成鱼的种子，鱼苗、鱼种的优劣直接关系到鱼的产量和质量，培育优良鱼苗、鱼种是渔业增产最有效的途径之一。

一、鱼苗的培育

刚孵化出来的小鱼体长只有 5～6mm，体白色透明，大部分时间侧卧于水底，偶尔鱼尾做垂直运动。孵化后 2～3d，体色变深，能在水面做水平运动，并开始取食。所谓鱼苗的培育，就是从这时开始，经过 20d 左右养成 3cm 左右的夏花鱼种。这一阶段鱼小体弱，活动能力差，饵料范围狭窄，对环境条件变化抵抗能力低，也不能积极地防御敌害。所以，天然水域鱼苗成活率很低，必须进行人工培育。

（一）鱼苗池的选择

鱼苗池又称发塘或发花塘，是鱼苗养成夏花的场所。选择时应考虑以下 5 个条件。

(1) 水源充足，水质优良，注、排水方便。

(2) 面积 1～3 亩，水深 80～100cm。面积过大，水质不易培育，饲养管理不方便；面积过小，水过浅时水温、水质不稳定。

(3) 池底为壤质土，池埂坚实，不漏水、漏肥。

(4) 池东西向，长方形。四周不种植树木或高秆作物，保证阳光充足，以利提高水温。

(5) 交通方便，便于鱼苗运输。

（二）鱼苗池的清整和施肥

鱼苗培育前的准备工作主要有清整池塘、施放基肥、清除敌害等。

1. 清整鱼苗池

在晚秋或早春排干池水，挖出池底过多的淤泥，清除隐藏的各种敌害生物、病菌、野生杂鱼等，平整池底，加固池堤，清除杂草。冰冻或暴晒鱼苗池。

2. 药物清塘

药物清塘须年年进行，并要彻底进行。常用的清塘药物和方法参见模块一关键技术 3。

3. 施基肥

清塘后，在鱼苗下塘前3～5d要合理地施放基肥。基肥的种类和施肥量应因地制宜，如每亩施粪肥200～250kg或绿肥150kg左右。施肥后，立即注水50～70cm。通常施肥注水后5d左右，小型浮游生物可达高峰。池水呈淡绿色或淡棕色为宜。施肥不能过早，过早时池塘中就会出现大型浮游生物如水蚤等，而刚下塘的鱼苗个体小，不能取食大型浮游生物。

（三）鱼苗放养

鱼苗孵化后3～4d，鱼鳔充气，“腰点”出现。此时，卵黄消失，鱼肠逐渐弯曲，鱼苗自由游泳，开始取食小型浮游生物，应及时下塘。

1. 鱼苗的选择

健康鱼苗的标准是：规格齐一；体色光洁鲜艳；健壮活泼；离开水时，头、尾弯曲有力。优良鱼苗成长快，成活率高。

2. 放养密度

放养密度与鱼苗的生长和成活率关系很大。密度太大，影响鱼苗正常生长发育，成活率低；密度太小，浪费水面，不能充分发挥池塘的生产潜力。一般来说，放养密度应根据池塘条件、肥料和饲料、鱼苗种类及饲养技术等方面综合考虑、灵活掌握。通常，鲢、鳙鱼苗每亩放养15万～20万尾；青鱼、草鱼鱼苗每亩10万～12万尾；鲤鱼苗每亩20万～25万尾较为适宜。

3. 鱼苗放塘时注意事项

（1）清塘药物的药效完全消失后方可放苗。为了确保安全，可进行预知检查，即在池中放一网箱，箱内放鱼苗十尾，半天后检查鱼苗，如无异常即可投入所有鱼苗。

（2）用密眼网打捞池塘内蝌蚪、杂鱼等有害动物。

（3）放养前喂一次熟蛋黄，每10万尾喂一个熟蛋黄。方法是将熟蛋黄用纱布包好，在水中揉搓，使蛋黄溶于水中，再将蛋黄水洒喂鱼苗。

（4）装鱼容器水温与池塘水温相差不能超过2℃。

（5）放养时间应选择晴天9：00～10：00或15：00～16：00。此时，水温高，池水溶氧量也高。

（6）鱼苗下塘应选择池塘背风向阳处。方法是将盛苗容器倾斜于水中，再慢慢地将容器向后、向上倒提出水面，使鱼苗缓缓进入水中。

（四）饲养方法

1. 将黄豆或豆饼磨成豆浆

豆浆既是饵料又可作为肥料，方法简便，容易操作。每0.5kg黄豆或豆饼可磨成7.5～10kg豆浆。豆浆磨好后，应立即投喂，以防变质。每天9：00～10：00、15：00～16：00各投喂一次。投喂地点因鱼苗种类不同而异。鲢、鳙鱼苗满池泼洒；青鱼、鲤鱼苗池边多泼洒一些。投喂时力求浆滴细小，泼洒均匀。投喂量为每天每亩用黄豆 3～4kg，一周后黄豆用量增加到 4～5kg。池水过肥，少喂或停喂；雨天、闷热天气、鱼浮头时停喂。

2. 有机肥料饲养方法

确切地说，这是施肥和豆浆混合饲养法。鱼苗下塘后，浮游生物不足，则增施有机肥料，如绿肥及粪肥，并辅以投喂少量豆浆。饲养鲢、鳙，水质应较肥，施肥量可大些；青鱼、草鱼的水质应淡些，少施肥。施肥要根据水质、肥料种类、天气情况及鱼苗种类不同，灵活掌握。总的原则是少量、勤施。

施有机肥料的目的是培养浮游生物，作为鱼苗的天然饵料，这样就节省了精饲料，养鱼成本降低；而且肥水适度时，浮游生物繁盛，鱼苗生长迅速，体质健壮。本方法要求较高，难于掌握。

（五）日常管理

1. 巡塘

鱼苗下塘后，要坚持最少每天巡塘一次。巡塘时间是每天早晨日出前后，主要观察鱼苗活动情况和水质变化。通常鱼苗长到 2cm 左右时，就能观察到浮头情况。如果八九点钟仍在浮头，击掌惊动仍不下沉，表明池水过肥，应减少或停止施肥和投饵，严重时还应注入新水。清晨鱼不浮头，表示水质偏瘦，应适当施肥。适度浮头最为理想，表明水质适中，标准是清晨有一些鱼苗浮头，但击掌惊动时立即下沉。

巡塘时还应检查池塘有无漏水地方，及时采取措施。发现鱼苗活动呆滞或池边独游时，要及时进行检查。还要捞出水面蛙卵、蝌蚪及杂物，清除杂草。

2. 注水

分期注水是促进鱼苗生长、提高成活率的有效措施之一。鱼苗刚下塘时，水浅易升温，可加速天然饵料繁殖和鱼苗生长。随着鱼苗长大，水质也渐肥，应加注新水。每隔 3～5d 注水一次，每次注水 10～15cm。注水时严防杂鱼及有害生物入池，也不要把池水搅混。

3. 建立鱼池档案

每天记载天气、水温、施肥、投饵、注排水、摄食情况、鱼病防治等日常工作。

4. 分塘和锻炼

鱼苗下塘培育，体长达 3cm 左右，即夏花时，要分塘养成鱼种或出售。为了提高夏花的抵抗力和适应能力，在分塘前要进行拉网锻炼。在分塘前 5d，用密眼网将夏花围入网中，再放回原池；隔 2d 进行第二次拉网锻炼，网捕的夏花放入网箱，3～5h 后再放入池中；第三次拉网，出塘过数，分塘或出售。

二、鱼种的培育

从夏花分塘后继续饲养到年底，养成规格 12～15cm、体重 30～40g 的一龄鱼种，称为春片鱼种。青鱼、草鱼生长周期为 3～4 年，有的地方又把一龄鱼种养到 500g 左右的二龄鱼种。

（一）鱼种池的准备

一龄鱼种可建专用池培育，也可在二龄鱼种池或成鱼池中套养，还可在网箱、稻田中培育。为了培育大规格鱼种，需要修建专用鱼种池。鱼种池面积3～5亩，水深2m左右为好。夏花下塘前准备工作同鱼苗池。

（二）放养方式

放养有单养和混养两种方式。由于各种鱼种饲养时间、食性、习性的不同，为了充分利用水体中天然饵料，一般都采用混养鱼种。混养时以一种鱼为主，混养2～3种鱼种为宜。混养种类，大多是草鱼、青鱼、鲤等中、下层鱼类，分别与鲢、鳙等中、上层鱼类配养。青鱼、草鱼之间，鲢、鳙之间，因生活习性和饵料相近、相互竞争，一般不搭配混养。生产上常用的混养形式是：以鲤为主体的，比例为鲤60%、草鱼5%、鲢30%、鳙5%；以鲢为主体的，比例为鲢60%、鳙10%、鲤20%、草鱼10%；以草鱼为主体的，比例为草鱼60%、鲤5%、鲢30%、鳙5%。

（三）放养密度

放养密度取决于饵料、培育技术、池塘条件、生长期及鱼种出塘规格。放养密，育成规格小；放养稀，育成规格大。单养时的放养密度：每亩放养夏花4000尾左右，育成规格可达15cm以上；每亩放养夏花6000尾左右，育成规格是12～15cm；每亩放养夏花9000尾左右，育成规格为9～12cm。混养时的放养密度则按比例推算。

（四）饲养与日常管理

1. 饵料种类

①以鲢或鳙为主的池塘，以浮游生物为主要饵料，所以放养前要施基肥，放养后适时追肥，并投给适量的谷物饵料。鱼种500g需精饲料0.5～0.75kg。②草鱼、鲂以青饲料为主，并投给适量精饲料。③以鲤为主的，由于鲤食量较大，应充分投喂颗粒饲料，并适量施肥以繁殖底栖动物，提供天然饵料。④以青鱼为主的，在夏花下塘前，施绿肥或粪肥，培养大型浮游动物及芜萍等饵料。放养初期投喂豆饼浆、芜萍等饵料；当长到10cm以上时，还可投喂轧碎的螺蚬，精饲料渐减，粗饲料逐渐增加。

2. 投饵

坚持“四看”和“四定”为原则。

（1）“四看”是看季节、看天气、看水情、看鱼情。即早春、晚秋水温低，鱼食量小应少投饵；晴天多喂，阴天少喂，大雨不喂；水肥少喂，水瘦多喂；鱼摄食旺盛多喂，食欲不振少喂。

（2）“四定”是定时、定量、定质、定位。

①日投饵2次，上、下午各一次，定时投喂。②根据鱼种种类不同，相对的定量投饵，

投饵量不可忽多忽少。随着鱼种的生长，投饵量也应相应地增加。③投喂的饵料要新鲜、清洁和适口。④投饵还应有固定位置，既可以节约饵料，又便于鱼种摄食和日常管理、检查。人工饵料投放在食物台上，每亩水面设一个食物台。鲢、鳙食物台离水面 0.3m 左右。鲤食物台离池底 0.3m 左右。草鱼食物台可用竹竿、稻草、泡沫塑料围成长方形或三角形框架，浮于水面。

3. 日常管理

与鱼苗放养管理大致相同。食物台要定期消毒，预防鱼病发生。

（五）并塘和越冬

秋末冬初，水温降到 10℃以下时，需要按鱼的种类、规格分类并塘。我国北方地区冬季长，气候寒冷，必须保证鱼种安全越冬。越冬鱼塘 8 月份以后不施有机肥；结冰前调节水质，即把池塘老水排掉 2/3，注入新水，并施无机肥料，每亩施尿素 2～3kg。水的透明度保持 30cm 左右；清扫积雪，有利于阳光透射；结冰后每月换水 20cm。以上技术措施有利于鱼种越冬后成活率高，使鱼体健壮肥满。

经验介绍一 ▶▶ 如何用豆浆培育鱼苗

把黄豆或豆饼磨成豆浆投喂鱼苗的方法称为豆浆培育法。

在水温 25℃左右时，将黄豆浸泡 5～10h（水温低浸泡时间长，水温高浸泡时间短，使黄豆的 2 片子叶中间微凹时出浆率最高），然后磨成浆。一般每 1.5kg 黄豆可磨成 25kg 的豆浆。豆浆磨好后应立即滤出渣，及时泼洒；不可搁置太久，以防产生沉淀，影响效果。

泼洒豆浆后，一部分豆浆直接被鱼苗摄食；而大部分沉于池底，起肥水作用，用来繁殖浮游生物，间接作为鱼苗的饵料。因此，豆浆最好采取少量多次、均匀泼洒的方法，泼洒时要求池面每个角落都要泼到，以保证鱼苗吃食均匀。可采用“三边二满塘”的投饲方法，即 8：00～9：00 和 14：00～15：00 满塘泼洒，中午只沿塘边泼洒，泼洒得“细如雾，匀如雨”。

一般每天泼洒 2～3 次，每次每亩用黄豆 3～4kg，5d 后增至 5kg。10d 后鱼苗可长至 15mm 左右，此时视池塘水质情况适当增加投饵量。

经验介绍二 ▶▶ 光合细菌在水产养殖中的使用方法及注意事项

1. 光合细菌在水产养殖中的用法

① 光合细菌（photosynthetic bacteria，PSB）作为改善养殖水体用，采用全池泼洒法，稀释 50～100 倍，每月一次，用量为 0.2～0.3kg/m^2；②如欲消除池底污染，一般 0.07～0.1kg/m^2 均匀拌入泥沙中，重点播撒在池底污泥较多处；③作为饲料添加剂使用，添加量为饲料质量的 0.2%～2%，稀释后拌入饵料中，隔 2～3d 投喂一次。

2. 光合细菌在使用时应注意以下问题

(1) 光合细菌为活菌制剂，使用时水温宜在 20℃以上，低温及阴雨天不宜使用。药物对光合细菌有杀灭作用，因此光合细菌不可与消毒剂同时使用，水体消毒经一周药性消失后方可使用。

(2) 水肥时使用光合细菌可促进有机污染物降解，避免有害物质积累；水瘦时应先施肥再使用光合细菌，这样有利于保持光合细菌的活力和群种优势。酸性水体不利于光合细菌生长，此时应先施用适量的生石灰调节，待水体 pH 达标后方可使用。

(3) 光合细菌应室温见光保存，每天最好光照 2h 以上，以保持 PSB 的活力。保存不得使用金属器皿，菌液分层或少量沉淀属正常，使用前摇匀即可，不影响使用效果。

(4) 在养殖对象发病时使用，光合细菌的用量必须增加，否则效果不明显。使用时应注意生产日期，菌体活力失效、菌液变质应禁止使用，尤其是作为饲料添加剂使用的光合细菌。

复习思考题

1. 鱼苗放塘时的注意事项有哪些？
2. 如何巡塘？
3. 投喂饵料时如何遵循“四看”和“四定”的原则？
4. 如何选择鱼苗池？

关键技术 5 无公害商品鱼的养殖

池塘养鱼是利用池塘把鱼种养成成鱼，即食用鱼或商品鱼。这是淡水养鱼的最后阶段与最终目的。池塘养鱼通过采用先进的科学技术，促进鱼类快速、健壮地成长，从而达到肉质鲜美、产量高、成本低、经济效益显著的总体目标。

池塘养鱼水体面积小，容易改善水质、把握放养密度，管理和起捕也比较方便，投资少、见效快，很适于农村专业户承包。

我国池塘养鱼生产历史悠久，农民经验丰富，并总结出一套行之有效的“八字精养法”，概括为水（水深水活）、种（良种体健）、饵（精饵量足）、密（合理密放）、混（多种混养）、轮（轮捕轮放）、防（防病除害）、管（精心管理）。“八字精养法”的各要点，相互依存、相互制约、相互促进，是养鱼高产稳产的综合技术措施。

一、高产池塘的基本条件

淡水鱼类对各种水域环境适应性较强，除污染严重的水域外，有水就有鱼。农村的大小池塘、坑塘、洼地、小型废河道等都可以直接养鱼，有的稍加改造也可以养鱼。但是，真正把养鱼作为一种生产门路来经营的话，就必须按照要求，对现有老旧池塘进行改建或新建养鱼池塘，实行科学养鱼。

（一）高产池塘的基本条件

1. 水源充足、水质好

这是池塘养鱼的一个根本条件。水源充足，可以经常加注新水、改善水质，有利于鱼类的生长和浮游生物的繁殖；水源充足，注、排水方便，鱼类浮头时，有利于急救。无污染的江河、水库、溪流都是比较理想的水源。这类水体水质好、溶氧量较高、酸碱度适宜，浮游生物丰富，水温也比较稳定。井水和泉水水质也比较好，没有敌害生物，缺点是水温低。工矿污水不经过净化处理，不可直接用于养鱼。

2. 水深适度

鱼谚有“一寸水，一寸鱼”的说法，说明水深与增产关系密切。池水较深，不仅池塘单位面积的水量较大，而且水温和水质也比较稳定，同时也有利于分层养鱼。但池水过深，底层水温低，溶氧量低，浮游生物少，不利于底层鱼类的生长。池塘的深度同面积和增氧设备有关。面积较大，设备好，可深些；反之，应浅些。农村养鱼池塘深度 2～3m 为宜。

3. 面积适中

鱼谚说“宽水养大鱼”。水面大，受风力作用大，水的流动和上下对流强，既增加水体溶氧量，又能使溶氧分布均匀，减少鱼泛塘死亡。总的来看，池塘面积大一些为好，但面积过大，操作管理不方便。鱼塘面积以 10～15 亩为宜。

4. 底质良好

池塘底的土质从多方面影响水质，对养鱼非常重要。底质以壤土为好，土质松硬适当，保水保肥力强，通气性也好。这样，池塘中有机质易于分解，有利于浮游生物繁殖。塘底保留适量的腐殖土，可以保持塘水肥度。塘底要平坦。

5. 形状和方向适宜

池塘以东西向、长方形为好，长宽比为 2：1 或 3：2。这样日照时间长，有利于水温的提高；夏季东南风较多，受风面积大，能提高池塘水溶氧量。

6. 周围环境适宜

池塘四周应开阔向阳，不能有高大树木和其他建筑物，以利于通风透光。池埂宜种植饲料作物。这样不仅能生产养鱼饲料和肥料，也能保护堤岸、减轻雨水冲刷。

（二）池塘的修整与改造

我国池塘养鱼生产历史悠久，但是单产较低，其主要原因之一就是池塘条件差。过去旧池塘多数不规范，缺点有面积小、水位浅、塘底漏水、水瘦、深浅不匀、形状多样、水源不足等，不符合高产池塘标准。旧池塘必须因地制宜，加以改造。

旧池塘改造内容如下。

（1）小塘改为大塘。如原来池小且周围有空地，应尽可能扩大一些。

（2）浅水塘改为深水塘。有的坑塘由于多年淤积，成了盆底塘，天气干旱即干涸见底，应挖去淤泥，筑高塘堤。

（3）漏塘改为肥水塘。一方面加固塘堤，堵塞漏洞；另一方面塘底要改良土壤，多投施些有机肥料。

（4）瘦水塘改为肥水塘。应增施有机肥料，培养水中浮游生物，提高水质肥度。

（5）改低埂、窄埂塘为高埂、宽埂塘。

二、鱼种放塘

（一）放塘前的准备工作

1. 池塘的清整

鱼池在连续 1～2 年饲养成鱼以后，池底沉积大量淤泥、残渣，以及各种有害病菌、野生杂鱼、有害动物等，对鱼类生长极为不利；所以每年都应进行一次清整，这是改善鱼类生活环境的一项重要工作。清塘的好处：①改善池塘条件，增大蓄水量；②池塘干水后，经冰冻日晒，杀死病虫害，减少鱼病发生；③清塘后，土质疏松，有助于好氧细菌分解活动，加速土壤中腐殖质的分解与转化。清塘工作宜在初冬到早春这段时间进行，排干池水，运走淤泥，加宽加固池埂，同时进行药物清塘。

2. 施肥和灌水

池塘清整后，即可进行施肥，施基肥应争取早施、施足。基肥种类有粪肥、堆肥和发酵的绿肥。施肥量因地制宜。肥料施在池底及积水区边缘。鱼种下塘前 10d 左右注水。根据水温和鱼生长情况，分期注水。第一次注水 80～100cm，待水温升高，水色变浓，再分期加注新水。

（二）鱼种的选择及规格

放养什么鱼种，应根据当地的气候条件、饵料、肥源等，选择适合当地的优良鱼种。如水质优、肥源充足的池塘，应选择鲢、鳙为主体鱼；水、陆生草料丰富的地区，应以草食性的草鱼为主体鱼；盛产螺蚬的地区，宜选择青鱼为主体鱼；用人工饵料养鱼，可根据市场需求情况决定，如在北方，群众喜欢吃鲤，可选择鲤为主体鱼。

池塘养鱼必须选择优良鱼种，其特征是：体格健壮，肥满结实；体形正常，背高肚小；鳞片完好，体色正常而有光泽；鱼眼亮，体长和体重分布匀称；无伤无病，游泳活泼；在池塘中群集性强，在容器中游于底层，溯水性强；把鱼拿在手中，鳃盖紧闭，尾不弯曲，跳动激烈。这样的鱼种成活率高、生长快。

鱼种规格在可能的条件下，愈大愈好。当前农家养鱼池塘面积一般较小，资金不足，需要加快资金周转。所以，池塘养鱼最好是当年放养，当年收获，一般不留大鱼越冬。北方饲养期短，春成秋捕，鱼种规格一定要大，如有可能投放二龄鱼种，经济效益更高。一般鲢、鳙、鲤鱼种最好是 250～400g，草鱼 250～500g，如果放一龄鱼种，规格也不可小于 13cm。

（三）放养密度

鱼种放养密度过稀，浪费水体资源，养鱼产量不高。放养密度过大，既增加养鱼成本，同时成鱼规格又小，不符合商品鱼要求；甚至有可能造成池塘缺氧而死鱼，反而降低养鱼产量，在经济上也不合算。合理的放养密度，就是投入最少的鱼种，取得最大经济效益的放养量。放养密度与环境因素、饵料条件、鱼种种类和规格等多种因素有关，灵活性很大。在生产实践中总结出来的经验是：池塘条件好的多放、饵肥充足的多放、鱼种规格小的多放、有增氧机和养殖技术水平高的可多放。否则放养密度应稀些。确定放养密度，这里介绍 3 种方法。

1. 经验法

如果池塘基本条件未变，在确定放养密度时，可参照历年来鱼种的放养密度、生长状况及商品鱼产量等因素综合考虑。若鱼生长好，单位产量高，饵料系数不高于一般水平，浮头次数不多，说明放养密度合理；若反之，表明放养过密，应适当降低。若商品鱼规格过大，而单产量不高，则表明放养密度较小，应增加放养密度。对于新开挖的池塘，或池塘基本条件发生了较大变化，则应参照池塘条件、管理水平相类似并且产量较理想的池塘的放养密度来确定。

2. 计算法

根据某种鱼估计产量、成活率、放养鱼种规格和计划养成规格等参数，计算出适宜的放养密度。一种鱼单养时，计算公式如下。

$$x=\frac{p\times 100}{(\overline{w}-w)\times k} \tag{1}$$

式中 x——放养密度，尾/亩；

p——池塘的估计鱼产量，kg/亩；

$\overline{w}$——计划养成规格，kg/尾；

w——放养鱼种的规格，kg/尾；

k——养殖成活率，%。

多种鱼混养时，所用的算式是：

$$x=\frac{p\times n}{(\overline{w}-w)\times k} \tag{2}$$

式中 x——某种鱼的放养密度，尾/亩；

p——池塘的总估计鱼产量，kg/亩；

n——按计划该种鱼在总产量中应占的百分数；

$\overline{w}$——该种鱼的计划养成规格，kg/尾；

w——该种鱼放养鱼种的规格，kg/尾；

k——该种鱼的养殖成活率，%。

计算出放养密度之后，整个池塘的总放养量用下式计算。

$$X=x\times A \tag{3}$$

式中 X——某种鱼在某池塘中的总放养量，尾；

x——放养密度，尾/亩；

A——池塘面积，亩。

3. 根据塘鱼允养量来确定合理放养密度

各种鱼类食性和习性不同，各有一个抑制生长的最大允养量。超过最大允养量，鱼类生长就显著减慢。鳙每亩的总重量在 30～40kg 之间时，每月每尾可增重 0.4～0.6kg；如果超过 40kg，每月每尾只增重 0.05～0.3kg。现将几种养殖鱼类前后期合理放养密度列表 1-16，以供参考。

表 1-16　几种养殖鱼类前后期合理放养密度

种类	初放量/(kg/亩)	允养量/(kg/亩)	说明
鳙	10.5～20	30～40	初放量:不浪费水体的最小放养密度 最大允养量:生长最快的最大放养密度
草鱼	32～50	90～100	
鲢	7～13	20～30	

根据表 1-16，计算出各种鱼种放养尾数。计算公式如下。

$$鱼种放养量(尾)=\frac{最大允养量(kg/亩)}{计划育成规格(kg/尾)} \tag{4}$$

例如，草鱼最大允养量为 100kg，计划育成规格为 1kg，每亩放养量应为 100÷1=100（尾）。

（四）鱼种放养时间

放养鱼种时间宜早不宜迟，提早放养鱼种是各地丰产经验之一。北方地区，池塘水解冻时，就要做好鱼种放养准备工作。这时水温低，鱼种鳞片紧密，拉网、运输不受易伤，可提高成活率。同时，天气一回暖，鱼就能顺利适应新的水体环境。早春天气寒冷，投入鱼种时，应选择晴天进行。

（五）鱼种消毒

鱼种下塘前必须进行严格消毒，避免鱼病流行。消毒的方法有：①10mg/L 漂白粉溶液，水温 15～20℃浸洗鱼种 10min；②3%食盐和 1%小苏打混合液，浸洗鱼种 3min；③20mg/L 敌百虫浸洗鱼种 20min。从外地购进鱼种时，运输时每立方米水放入 40 万～80 万单位青霉素进行消毒。消毒时，鱼种密度不要太大，以免缺氧死亡；消毒用过的药水不可倒入池塘，免得病菌扩散；消毒最好选择晴天进行。

三、多品种混养

多品种混养也称为“立体放养”，即根据不同鱼类的食性、栖息水层和鱼类间相互关系，巧妙地利用了它们之间有利的一面，尽可能缩小不利的一面，把不同品种鱼同时在一个池塘中混养。这就是多品种混养。多品种混养是我国池塘养鱼经验的精华，也被引进到世界各国。在适当放养密度下合理混养，能够充分利用饵料和发挥水体的最大生产潜力，是提高鱼产量的重要技术措施。

（一）多品种混养的优点

1. 最大限度利用水域空间

主要淡水养殖鱼类在水域栖息空间不同：鲢、鳙栖息在上层，草鱼、鲂、鳊在下层，鲤、青鱼、鲮在底层。将栖息在不同层次的鱼种混养，比只放养单一品种，放养量大，可提高池塘单位面积产鱼量。

2. 最经济地利用饵料

不同品种鱼类食性不同：鲢、鳙吃浮游动物，草鱼、鲂、鳊吃草料，青鱼吃底栖动物，鲤、鲫吃底栖动物和有机质碎屑，鲮吃池底藻类及有机质碎屑。将不同食性的鱼种混养，能最大限度地利用各种饵料。另外，在饵料投喂及鱼类摄食过程中，有一些饵料散落到水中，而被另一些鱼类取食，节约饵料。

3. 不同品种鱼相互利用、相互促进

草鱼、鲤等残饵、粪便提高了水质肥度，促进浮游生物的繁殖，为鲢、鳙提供了天然饵料。同时，由于这些天然饵料被取食，防止了水质过肥，又有利于吃食性鱼类的生长。鲤、鲫等杂食性鱼类，取食有机质，从而改进了池塘的环境条件；通过取食活动，翻松泥土，搅动池水，增加溶氧量，加强了有机质的分解。

（二）混养搭配比例

不同种鱼类混养可以提高产量，但是如果混养种类选择不好或搭配比例不当时，常常导致混养鱼种之间竞争饵料和空间，甚至相互侵害，最后造成鱼总产量下降。因此，必须合理混养，总的原则是从分布水层、饵料种类及鱼类之间的依存与矛盾关系等方面全面考虑，来确定种类和比例。

例如，鲢、鳙均属上层鱼类，鲢吃浮游植物；鳙吃浮游动物，也吃些浮游植物。鲢放养多，大量浮游植物被取食掉，浮游动物就难以繁殖，鳊因缺少饵料，生长受到抑制，这就是群众所说的“一鲢夺三鳊”。通常，鲢、鳙比例不能超过5∶1。又如：水草多的池塘，可多养些草鱼、团头鲂，食草鱼排粪多，水质易肥，浮游生物大量繁殖，故需要放养一些吃浮游生物的鲢、鳙，此即群众所说的“一草带三鲢”。由于投饵及粪便沉到水底，还需要放养一些底层鱼，如鲤、鲫等。

高密度混合放养，通常有3种类型：即以肥水鱼为主型，肥水鱼、吃食鱼并重型，以吃食鱼为主型。放养模式及比例见表1-17～表1-22。

表1-17 以肥水鱼为主型的放养模式

计划产量/kg	编号	鱼种		放养数量		各品种尾数				增重倍数
		年龄	规格	尾数	千克数	鲢	鳙	草鱼	鲤	
150	1	一龄	13～15cm	400～500	12～15	200～250	40～50	80～100	80～100	7.5～10
250	2	一龄	15～17cm	550～600	25～30	275～300	55～60	110～120	110～120	6～7
		二龄	100～150g	100	10～15	50	10	20	20	
		小计		650～700	35～45					
400	3	一龄	17cm	700～750	35～37.5	350～375	70～75	140～150	140～150	4～5
		二龄	150～200g	300	45～60	150	30	60	60	
		小计		1000～1050	80～97.5					
500	4	一龄	17cm	700～750	35～37.5	350～375	70～75	140～150	140～150	3.5～4
		二龄	200～250g	400	80～100	200	40	80	80	
		小计		1100～1150	115～137					

表 1-18 肥水鱼、吃食鱼并重型的放养模式

计划产量/kg	编号	鲤占比例/%	鱼种		放养数量		各品种尾数				增重倍数
			年龄	规格	尾数	千克数	鲢	鳙	草鱼	鲤	
250	5	20	一龄	15～17cm	550～600	22.5～27.5	220～240	55～60	165～180	110～120	5.8～7.6
			二龄	100～150g	100	10～15	40	10	30	20	
			小计		650～700	32.5～42.5					
	6	30	一龄	15～17cm	600～650	25.5～30	240～260	60～65	120～130	180～195	5.6～7.1
			二龄	100～150g	100	10～15	40	10	20	30	
			小计		700～750	35～45					
400	7	20	一龄	17cm	550～600	30～32.5	225～240	55～60	165～180	110～120	4.3～5.3
			二龄	150～200g	300	45～60	120	30	90	60	
			小计		850～900	75～92.5					
	8	30	一龄	17cm	600～650	32.5～35	240～260	60～65	120～130	180～195	4.2～5.2
			二龄	150～200g	300	45～60	120	30	60	90	
			小计		900～950	77.5～95					
500	9	20	一龄	17cm	550～600	27.5～30	220～240	55～60	165～180	110～120	3.8～4.7
			二龄	200～250g	400	80～100	160	40	120	80	
			小计		950～1000	107.5～130					
	10	30	一龄	17cm	650～700	32.5～35	260～280	70～75	130～140	195～210	3.7～4.4
			二龄	200～250g	400	80～100	160	40	80	120	
			小计		1050～1100	112.5～135					

表 1-19 以吃食鱼为主型的放养模式

计划产量/kg	编号	鲤或草鱼占比例/%	鱼种		放养数量		各品种尾数				增重倍数
			年龄	规格	尾数	千克数	鲢	鳙	草鱼	鲤	
250	11	草鱼 50	一龄	15～17cm	450～500	20～25	135～150	45～50	225～250	45～50	6.3～8.3
			二龄	100～150g	100	10～15	30	10	50	10	
			小计		550～600	30～40					
	12	鲤 50	一龄	15～17cm	550～600	25～30	165～180	55～60	55～60	275～300	5.3～6.7
			二龄	100～150g	100	10～15	30	10	10	50	
			小计		650～700	40～50					
400	13	草鱼 50	一龄	17cm	500～550	20～25	150～165	50～55	250～275	50～55	4.6～5.7
			二龄	150～200g	300	45～60	90	30	150	30	
			小计		800～850	70～90					
	14	鲤 50	一龄	13～17cm	650～700	35～40	195～210	65～70	65～70	325～350	4.1～5.0
			二龄	150～200g	300	45～60	90	30	30	150	
			小计		950～1000	80～100					

续表

计划产量/kg	编号	鲤或草鱼占比例/%	鱼种年龄	鱼种规格	放养数量尾数	放养数量千克数	鲢	鳙	草鱼	鲤	增重倍数
500	15	草鱼 50	一龄	13～17cm	600～650	30～32.5	180～195	60～65	300～325	60～65	3.7～4.4
			二龄	200～250g	400	80～100	120	40	200	40	
			小计		1000～1050	110～135					
	16	鲤 40	一龄	17cm	700～750	37～42	210～225	70～75	140～150	280～300	3.5～4.2
			二龄	200～250g	400	80～100	120	40	80	160	
			小计		1100～1150	120～140					

表 1-20　三种放养模式

放养模式	各种鱼占总尾数的比例/% 鲢	鳙	草鱼	鲤
以肥水鱼为主型	50	10	20	20
肥水鱼与吃食鱼并重型	40	10	30	20
	40	10	20	30
以吃食鱼为主型	30	10	50	10
	30	10	10～20	45～50

表 1-21　各类鱼池鱼种混养的搭配比例

养殖方式与池塘条件	各种鱼类的搭配比例/% 上层鱼(鲢、鳙)	中底层分养鱼	中底层分养鱼
投饵施肥的精养池	40～50	青鱼、草鱼、鲤 30～40	鲂或鳊、鲮或鲫 20
施肥养殖的池塘	75～85	鲤、鲫、鲴或鲮 10～15	青鱼、草鱼、鲂或鳊 5～10
水质较肥的粗放池	60～70	鲤、鲫、鲴或鲮 20～30	青鱼、草鱼、鲂或鳊 10
水质中等的粗放池	40～50	鲤、草鱼、青鱼 40～50	鲂或鳊、鲴或鲮、鲫 10
水交换快或有潜流而水质清瘦的投饵池	10～15	青鱼、草鱼、鲤 70～80	鲂或鳊、鲴或鲮、鲫 10～15
水交换快或有潜流而水质清瘦的粗放池	5～10	青鱼、草鱼、鲤 65～70	鲂或鳊、鲴或鲮、鲫 20～25

表 1-22　每亩产量 2500kg 高密度养殖模式

序号	名称	数量/尾	出池规格/g
1	鲤	1300	1000
2	鳙	60	1300
3	鲢	200	900
4	草鱼	700	1400
5	鲫	1000	250

要求：每亩 0.5kW 以上的增氧机配置；池塘平均水深 2.5m 以上；全价饲料；自动投料机。

四、轮养

轮养也称为轮捕轮放、轮捕套养或分划放养、分期捕捞。轮养是将不同鱼类和不同规格鱼种一次放足，在池鱼尚未超过最大载鱼量以前，捕大留小。不断调整载鱼量，始终保持适宜密度；从而避免前期鱼小而浪费水体。后期鱼大而抑制生长；充分发挥池塘生产潜力，促进养鱼平衡增长，成鱼均衡上市，加快资金周转。

（一）轮捕轮放的作用

采用轮捕轮放饲养法，鱼池内鱼的种类多、规格多，可以缓和鱼类之间的食性、生活习性和生存空间的矛盾，可充分发挥池塘中“水、种、饵”的生产潜力。

通过轮捕轮放可使鱼产品均衡上市，改变了以往市场淡水鱼“春缺、夏少、秋挤”的局面，做到四季有鱼，不仅满足社会需求，而且提高了经济效益。一般轮捕上市的经济收入占养鱼总收入的40%～50%，这也加速了资金的周转、降低了成本，为扩大再生产创造了条件。

凡达到或超过商品鱼标准，符合出塘规格的食用鱼都是轮捕轮放的对象。但在实际生产中主要轮捕对象是鲢、鳙，这是因为鲢、鳙鱼种及饵料容易解决，并且夏季市场价较高。其次轮捕草鱼，主要原因是草鱼肥水性很强，7月中旬以后池塘水质日趋老化，水生、陆生草等饲料适口性也降低，草鱼生长速度渐慢、饵料系数升高，此时轮捕达食用规格的草鱼，可降低池塘载鱼量，有利于小规格的草鱼和其他鱼的生长。

轮放主要是在捕出食用鱼后补养一龄鱼种或夏花鱼种，为翌年培养二龄鱼种和大规格鱼种做准备。

轮捕轮放的时间多在6～9月份，此时水温高，鱼生长快，如果不通过轮捕减少饲养密度，鱼类常因水质恶化和溶氧减少而影响生长。9月份以后和6月份以前，水温较低，鱼生长慢，个体小，一般不进行轮捕；但如鱼的个体大，市场价值高，也可适当轮捕。确定每次轮捕的具体时间，一是要看鱼类摄食、浮头情况和水质变化情况来判断池塘最大载鱼量是否到来；二是要根据天气预报，选择一个水温相对较低而池水溶氧较高的时间，轮捕通常在下半夜和黎明时进行。

（二）轮捕轮放的方法

轮养有以下三种放养形式。

1. 一次放足，分期捕捞，捕大留小

本法适于常年供应鱼种和鱼类越冬有困难的地区。南方在初春放养，6月、8月和年底各捕一次；前两次捕捞20%～30%，余下年底一次捞净。北方每年可捕两次，放养量可比一次放养一次捕捞的养鱼法增加一倍左右。鱼种也要有2～3种规格，一定要有较大规格的鱼种，作为第一次捕捞的基础。

2. 一次放足，分期捕捞，捕大补小

本法适于鱼种供应充足、池塘不封冻地区。每年捕捞3～4次，高产池塘可多捕几次。每次捕捞以后，及时补放小鱼种。

3. 轮捕成鱼，套养鱼种

本法把成鱼养殖和鱼种培育相结合，适用于鱼种池不足的地区。

具体的轮捕轮放种类、批次、日期和数量等应根据水体鱼种、饵料等来决定。青鱼、鲤和鲫不易捕捞，可不必轮放；鳙、鲢、罗非鱼和草鱼是轮捕的主要对象。轮养鱼池要做到“四不捕”，即天气闷热不捕、鱼浮头不捕、鱼发病不捕、鱼摄食后不捕。捕前2～3d要停止投饵、施肥；捕后及时投饵和补足新水。夏季进行轮捕时，尽量缩短鱼在网内时间，以防因密集、闷热而造成死鱼。

（三）轮捕轮放注意事项

一个池塘在一个生产季节内轮捕的次数依具体情况而定，一般不宜超过5次，间隔时间为25d以上，轮捕过多、过密会影响鱼类生长，易引发鱼病且劳动强度大。轮捕主要是在天气炎热的夏、秋季节。因水温高、鱼的活动能力强，捕捞较困难。加以鱼类耗氧量大，不能忍受较长时间的密集捕捞；而捕入网内鱼大部分是留塘鱼种，需回池继续饲养，如在网内时间过长，很容易受伤或缺氧闷死。因此，要求捕鱼人员技术熟练，彼此配合默契，尽量缩短捕鱼持续时间。

捕鱼前数天就要控制施肥量，以保证捕鱼时水质良好，溶解氧较高。捕鱼前一天可停止投饵，以免鱼饱食后捕捞时受惊扰跳跃、挤压而死。捕捞前应将水面的草渣、污物捞净，避免影响操作。捕鱼要选择天气凉爽、水温较低、溶解氧较高时进行，一般多在下半夜、黎明捕鱼以供应早市。阴雨天气，或鱼有浮头征兆时，严禁轮捕，另外，傍晚不能拉网，以免引起上下水层提早对流，加速池水溶氧消耗，造成池鱼浮头。

捕捞后，鱼体会分泌大量黏液，池水混浊，耗氧量增加。因此必须加注新水或开动增氧机，使鱼有一段顶水时间，以洗去鱼体上过多的黏液，增加溶氧，防止浮头。若白天捕鱼，一般要加水或开增氧机2h左右；若在夜间捕鱼，则应加水或开增氧机，直到日出后才能停泵关机。

五、饲料

饲料是鱼类生长最重要的物质基础。采取混养、密养的精养鱼池，要使鱼正常生长，单靠池中自然生长的天然饵料是远远不够的，必须人工补给饲料。其来源有二：一是直接向水体中投放的饲料，包括天然饲料、人工饵料和配合饵料；二是通过池塘施肥在池水中培育的天然饵料，主要有浮游植物、浮游动物、附生藻类和各种底栖动物。施肥实际上是间接投饵。

六、饲养管理

（一）看水施肥和科学投饵

施肥和投饵间接或直接地为鱼类提供饵料，是饲养管理的中心环节。

1. 看水施肥

施肥的原则是及时、少量、多次。要保持水质稳定，既不使池水因长期不施肥而变瘦，也不要因为一次施过多而造成水质过肥，致使溶氧量过低。特别是在夏季，水温高，施肥不当常造成意外事故，应该多次、少量施肥。具体施肥次数和施肥量，应根据水温、鱼种、水色来决定。群众总结出一套“看水施肥”的经验，即池水草绿色或茶褐色，乍看起来比较清爽不混浊，可少施肥或不施肥；池水呈淡黄绿色，要及时施肥；池水呈黑褐色、蓝绿色，是不宜养鱼的老水，必须加注新水，改良水质。

根据多年来群众看水养鱼总结出宝贵的经验，认为肥水应具有“肥、活、嫩、爽”的表现。“肥”指透明度，“活”指水色和透明度常有变化，水色不死不滞，随光照和时间不同而常有变化，这是浮游植物处于繁殖旺盛期的表现，渔民所谓“早青晚绿”或“早红晚绿”，以及“半塘红半塘绿”等都是这个意思。

观测表明，典型的活水是藻类白天常随光照强度的变化而产生垂直或水平游动，清晨上、下水层分布均匀，日出后逐渐向表层集中，中午前后大部分集中表层，以后又逐渐下沉分散，9点和13点的透明度可相差7cm。当这种藻类聚集于鱼池的某一边或一隅时，就出现所谓的“半塘红半塘绿”的情况。渔民看水时，不仅要求水色有一日之中变化，还要求每十天半月常有变化。因此，“活”还意味着藻类种群处在不断被利用和不断增长，也就是说池塘中物质循环处于良好状态。“嫩”就是水色鲜嫩不老，也是易消化的浮游生物较多，是细胞未衰老的表现。“爽”就是水质清爽，水面无油膜，混浊度较小，水中含氧量高，透明度不低于25cm。

2. 科学投饵

适量、优质、适口的饵料是养鱼高产稳产的物质基础，投饵是养鱼技术性很强的日常主要工作；饵料的开支占整个养鱼成本的50%以上，对饵料的选择、调配、加工，以及投饵技术的高低，不仅决定鱼产量的高低，也决定养鱼成本和经济效益。

（1）投饵量　为了做到有计划地生产，必须在鱼种放养时做好全年投饵计划。每个鱼池的投饵量主要是根据“吃食鱼”的放养量、规格、增重倍数和饵料系数来确定。例如：成鱼池面积为10亩，平均每亩放养草鱼、鳊35kg，青鱼、鲤40kg。计划草鱼、鳊净增重4倍，青鱼、鲤净增重5倍，则每亩净产草鱼、鳊为140kg，每亩净产青鱼、鲤200kg。草鱼、鳊吃水草，饵料系数为100；青鱼、鲤吃螺蚬，饵料系数为50，则全年总投饵量如下。

水草需要量：140×100×10=140000kg；螺蚬需要量：200×50×10=100000kg。

一年中每月的计划投饵量，主要根据天气、水温、鱼类生长情况和历年经验等来制订。

每天投饵量可根据全年计划投饵量、各月投饵百分比，以及按照鱼类递增体重1%～5%计算投喂量，这是一般的计划投饵量。每天实际投饵量，还要根据当天的天气、水质、食欲、浮头、鱼病等情况来决定增减。

（2）投饵技术　投饵应坚持“四看”“四定”的原则（详见模块一关键技术4）。鱼类在一年中取食的规律是两头少，中间多。初春、深秋气温低，鱼食量小，觅食能力差，应少投。6～9月份气温较高，特别是气温上升到28℃左右时，鱼生长最快。俗语说“四五六鱼长壳，七八九鱼长肉”（指农历），这几个月的饵料要占全年的80%左右。

（二）日常管理

池塘养鱼的日常管理工作必须深入细致，勤恳认真，坚持不懈。要“三分养、七分管”，一放就管、一管到底。

1. 勤巡塘，防浮头

黎明前后检查有无浮头，午后观察鱼的摄食情况，日落前检查全天池塘情况。盛夏酷热，应在午夜前后巡塘，防止严重浮头。

2. 观察水色，检验水质变化

确保池水水质肥，即“肥”；水质要有变化，即有月变化和日变化，渔民称之为“朝红夜绿”，表明浮游植物优势种明显即“活”；水色鲜嫩，水中浮游生物多，即“嫩”；透明度适中、溶氧量高，即“爽”。总之，保持水质“肥、活、嫩、爽”。

3. 防止病虫害

参看模块一关键技术 6 的内容。

4. 存塘鱼的越冬管理

我国北方地区冬季有长达 4 个月以上的结冰期，隔年的大规格鱼种或达不到商品规格的鱼都要进行越冬。越冬期的管理稍有不慎，就会造成严重的死亡。越冬期最关键的问题是使池水保持一定深度，使水中有足够的溶氧量，底层水体不结冰。静水越冬，一般不再补充新水，急需时可引水或抽水补充新水；流水越冬比较安全。

越冬密度也是能否顺利越冬的关键因素。确定越冬密度的依据是越冬池的冰下有效水量（指冰冻到最大厚度时，冰下的实际水量）、补水条件及水质情况等。参考的密度是：流水越冬池，每立方米水体（冰下有效水量），可放鱼 0.5～1kg；可补充水的静水池，每立方米放鱼 0.25～0.5kg；无补水条件的静水池，每立方米最多可放鱼 0.25kg。

为了提高鱼越冬成活率，在越冬前要进行追膘，多投喂一些精饲料；转入越冬池以后，在晴天、气温较高的日子也要继续投喂精饲料，直到温度降低到鱼不吃食为止。

越冬鱼入池时间要适宜。过早入池，缩短后期培育时间；入池过晚，水温太低，转塘过程中，鱼体擦伤很难恢复，易患水霉病，造成死亡率增高。越冬最合适时期是水温 8～10℃，转塘选择温暖无风天气。

越冬期的管理主要是下雪后及时清除积雪和必要时加注新水。

经验介绍 ▶▶早春水产养殖管理工作的重点

随着春季的到来，气温、水温逐渐回升，水产养殖动物的食欲也日渐旺盛，进入了正常生长的时期。因此在当前的情况下，做好水产养殖管理工作，使渔业生产有一个良好的开端，应着重把握以下关键环节。

1. 控制池塘水深，提高水温

春季气温变化频繁，控制池塘水的深度要采取分期注水的方法，一般间隔 10～15d 加水 1 次。早春鱼池水可控制在 1m 以内；晚春池水加深到 1.5m 左右；虾蟹养殖水面深度应由 0.6m 逐渐加深到 1m。对一些室外养殖的池塘，应先将池塘老水放掉，再逐渐注入新水，逐渐加深到养殖的正常水位。

2. 重视池塘消毒，控制疾病

春季是疾病高发的季节。随着气温的上升，水温控制尤为重要。对池塘进行彻底消毒，是养殖过程中必不可少的重要环节，应给予高度重视。健康养殖生产中，常用的消毒剂是生石灰。

3. 合理施肥，调节水质

当池塘水温上升到10℃时，可以开始对鱼虾养殖池进行施肥。最好是施一些人畜粪，也可以施入少量的化肥。施肥量和施肥次数应根据池塘水质和肥料的质量而定。总的原则是：早春大量少次，晚春少量多次，使水色呈褐绿色、油绿色或红褐色，水体透明度保持在30cm左右；若水质清淡，呈现出黄色或淡绿色，水体透明度大于40cm时，就要及时追肥；如过浓则要冲水，始终保持水质“肥、活、嫩、爽”的要求。

4. 增氧

春季常出现阴雨天气，气压较低，水体易缺氧，此时水质管理的要点是：①加强巡逻，注意鱼塘有无鱼浮头现象出现，若出现浮头现象，应及时开启增氧机增氧，浮头现象严重时结合添加增氧剂。②鱼塘及时更换、加注新鲜水。③视鱼塘底质恶化情况，使用“底净宁”或施用微生物制剂改良水质，保持鱼塘好的水质环境。养殖户往往认为，7～9月份池塘才会缺氧，池塘内架设增氧机较晚，这样有风险，特别是高产池塘。

5. 防病

掌握无病先防、有病早治、防重于治的原则，尽量避免鱼病发生，保障养殖水产健康生长。在春季，鱼类易患水霉病、细菌性烂鳃病、肠炎病、小瓜虫病。虾、蟹的常见病有黑鳃病、烂肢病、甲壳病和纤毛虫病、蟹奴病等。寄生虫性疾病常用药物有晶体敌百虫、硫酸铜、硫酸亚铁、食盐等。细菌性疾病可用漂白粉、生石灰等药物进行预防和治疗，此外，地锦草、枫叶、大蒜、五倍子等中草药也是较好的防治药物。但应注意，虾、蟹养殖塘应禁用晶体敌百虫之类的药物。春季要及早采取预防措施，把疾病控制在初级阶段。同时，也要注意防止鸟类、鼠类、水蛇等自然敌害生物对于养殖水产的危害。

总之，只有全方位地做好春季水产养殖管理工作，才能有效地保证全年水产养殖生产的丰收。

复习思考题

1. 高产池塘应具备的基本条件有哪些？
2. 投饵量如何计算？
3. 放养密度如何计算？
4. 设计一套立体混养的模式。

关键技术6　淡水鱼类病害防治

鱼病发生的原因比较复杂。与其他动物一样，鱼病的发生与三方面因素有关。其一是内在因素，也就是鱼的本身体质，体质健壮就能增强抗病力；其二是病原微生物，其种类繁多，如病毒、有害菌类和寄生虫等，直接或间接地危害鱼类健康；其三是外界环境条件，其中包括人为的因素，不良的环境条件常常使鱼病大量发生。鱼病的发生受以上三方面因素所制约。因此，有关鱼病原因的分析、鱼病的预防、鱼病的治疗都应该建立在这种认识的基础上。外因是条件、内因是根据，外因通过内因起作用。消灭病原微生物，适宜的生态环境和优良的饲养技术可增强鱼体质和抗病力，是鱼病预防和治疗的理论根据。

一、鱼病发生的原因

（一）环境条件因素

1. 水温

水温的高低及其变化与鱼的体质和病原微生物的消长有密切关系。每种鱼类生长发育的适温不完全相同，不同鱼类适温相差很大；同种鱼类的不同发育阶段，如鱼苗、鱼种和成鱼的适温不同，对温度变化的抵抗力也不同。当水温高于或低于适温，或者温度发生激变，鱼的食欲下降，体内的新陈代谢活动减弱；鱼的体质下降，抵抗能力降低，容易被病原微生物感染而致病。如越冬期间，水温低，鱼常易发生水霉病；水温在15～25℃时，容易流行小瓜虫病；20～30℃时，是草鱼烂鳃病、赤皮病、肠炎病和出血病病原体繁殖和致病的最适温度。极端的温度和温度激烈变化，也易造成生理障碍而使鱼致病。如罗非鱼需要水温不低于8℃，当水温为8℃以下时，就会造成死亡；草鱼、鲢越冬水温在0.5℃以下时，也大量死亡；罗非鱼的最低临界温度为7℃。

2. 溶氧量

水体中的溶氧量与鱼类的生存关系密切。水体中溶氧量低，鱼类代谢强度变低，体质变弱，容易发生烂鳃病。水中溶氧量低于1mL/L时，鱼类就会浮头、窒息而死亡。当溶氧量过高时，小鱼苗又会得气泡病。

3. 酸碱度（pH）

“四大家鱼”（青鱼、草鱼、鲢、鳙）在池水pH低于5或超过9.5时，鱼就会死亡。池水稍微偏酸，也会使鱼生长不好、体质下降，容易患白鳞病（又称打粉病）。

4. 水质变化与有毒物质

鱼池中腐殖质过多，鱼粪、残饵等被微生物分解时，排出硫化氢、沼气、二氧化碳等有害气体，使鱼类中毒。由于工业废水对江、河、水渠的污染，造成养鱼池水中铅、锌、汞等重金属含量过高，以及有毒的农药等都会引起鱼类的大量死亡。

（二）生物因素

引起鱼发病的病原微生物种类繁多，概括起来可分为两大类：一类是细微的病原体，如病毒、细菌、黏细菌、藻菌等；另一类是大型的病原体，如原生动物、寄生虫、蠕虫、甲壳动物等。此外还有直接或间接危害鱼类的敌害动物，如水鼠、水鸟、水蛇、蛙类、凶猛鱼类、水生昆虫等。

（三）内在因素

如前所述，尽管环境有变化，也有病原体的存在，但也不一定发生鱼病，其主要原因应是鱼本身有一种抵抗力，即有一种自身免疫能力。例如，同池放养的草鱼患出血病时，鲢、鳙一般是不得出血病的；白头白嘴病只在体长5cm以下的草鱼中发病，草鱼成鱼则不发生此病；同一池塘中，同种同龄鱼，在流行病发生时，有的严重患病，甚至死亡，有的患病轻微，逐渐自行痊愈，有的则没有患病。这都是鱼类自身体质和免疫力不同所造成的。

（四）人为因素

人为因素引起鱼病发生，主要有放养密度及搭配种类、比例不当，饲养管理不善和机械性损伤等。放养过密，如鲢、鳙比例，草鱼、鳊比例及青鱼、鲤搭配比例不当，鱼类相互抢食，饲料不足，鱼生长速度有快有慢，个体大小参差不齐，瘦弱的鱼就易患病。饲养管理不当，如饵料不清洁或变质、投饵不匀、不能适时投饵、投饵量掌握不准、残饵过多都能引起鱼病发生。拉网捕鱼、鱼种和亲鱼运输时，操作粗放，往往使鱼体受伤，从而感染细菌、霉菌，引起鱼病。另外清塘消毒不彻底，病菌和寄生虫没有杀死；池塘无独立排灌系统，老水、病水循环，造成传染病。

鱼生活在水中，一旦发病，隔离和治疗都是比较困难的，经济上的损失也很大。所以，应努力做到无病早防，防重于治。科学的饲养管理是预防鱼病的重要措施，见本模块的相关内容。

二、鱼病的诊断

（一）鱼病的种类

1. 按患病部位划分

（1）皮肤病　如赤皮病、白皮病、水霉病、小瓜虫病。

（2）鳃病　如鳃霉病、烂鳃病、鳃隐鞭虫病、车轮虫病、指环虫病和中华鳋病。

（3）肠道病　如细菌性肠炎、球虫病、吸虫病、线虫病等。

（4）其他器官病　如肾病、胆囊病、疯狂病、腹腔病、白内障病等。

2. 按病原体划分

（1）病毒病　如草鱼出血病。

（2）细菌病　如白皮病、赤皮病、烂鳃病、疖疮病等。

（3）真菌病　如水霉病。

（4）寄生性病害　如有在鱼体上吸附寄生的原生动物（鳃隐鞭虫、孢子虫、车轮虫、毛管虫等），扁形动物（指环虫、复口虫、绦虫等），线形动物（嗜子宫线虫、棘头虫等），节肢动物（锚头鳋、中华鳋等），环节动物（橄榄蛭、中华颈蛭等），软体动物（钩介幼虫）。

（5）敌害　如水蜈蚣、蚌、虾、青泥苔等。

3. 按鱼的生长阶段划分

鱼病可分为鱼苗病、鱼种病和成鱼病。

（二）鱼病的共同特征

各种鱼病都有其特殊的病症，但也有共同的特征，其主要表现如下。

(1) 病鱼离群，浮在水面，游泳迟缓，或者狂游、打转、跳跃，或者在箱壁、沙石、水草间摩擦。

(2) 病鱼食欲不振，感觉迟钝。

(3) 鱼体暗淡无光，或变色、发白、发乌。

(4) 体瘦，头大，背窄，肌肉薄且看上去干瘪。

（三）鱼病的诊断方法

鱼病诊断方法有肉眼观察和显微镜检查两种方法。无论是肉眼观察，还是显微镜检查，为了保证病情诊断的准确性，供检查的病鱼最好是活的或刚死不久，保持鱼体湿润。

1. 肉眼观察

肉眼观察就是眼观病鱼，根据发病部位、症状及大型病原体做出诊断。小型病原体肉眼很难观察，只能根据外表症状进行诊断。一般常见鱼病主要发病部位都集中在外表、鳃瓣和肠道。因此，对这些部位要重点观察。

(1) 体表检查　把鱼放在白瓷盘中，先观察一下鱼体颜色、肥瘦状况，皮肤、肌肉、鳞片是否发炎、浮肿及充血，有无溃烂。也要注意体表有无大型病原生物。

(2) 鳃瓣检查　先观察鳃盖是否张开。然后用剪刀剪掉鳃盖，看鳃片颜色是否正常，黏液是否较多。重点观察鳃丝颜色，鳃丝是否肿胀和腐烂，鳃丝末端是否附着病原体等。

(3) 肠道检查　先将腹部剖开，观察有无寄生虫，然后取出肠道，剪开肠壁，去掉食物和粪便，仔细观察有无吸虫、绦虫、线虫、棘头虫等。再观察肠道是否发炎，肠壁是否充血等。最后取出内脏，仔细观察肝、脾、胆等器官有无病变发生。在观察时认真做好记录，为正确诊断鱼病提供证据。

2. 显微镜检查

有些鱼病症状不明显，单凭肉眼不易做出正确诊断，必须采用显微镜检查。检查是在肉眼确定的病变部位进行。常见鱼病只镜检体表、鳃、肠道、眼、脑等。从病变部位取小量组织或黏液，置于载玻片上。体表和鳃的组织或黏液，只加少量的普通水；内脏组织则加少量生理盐水（0.85%食盐水）。然后盖上盖玻片，轻轻压一下，先用低倍镜（100 倍）检查，如发现寄生虫或可疑现象，再用高倍镜仔细观察。每个病变部位应检查 3 个不同点。

(1) 体表　寄生于鱼体表的寄生虫种类繁多，如车轮虫、斜管虫、口丝虫、钩介幼虫、鱼波豆虫、舌杯虫、小瓜虫等，用显微镜观察体表可以观察到，或刮下体表黏液，镜检也可以观察到。若体表生有白点或黑色胞囊，压碎后可以看到黏孢子虫或血吸虫的囊蚴。

(2) 鳃　寄生于鳃部的小寄生虫有车轮虫、隐鞭虫、斜管虫、口丝虫、舌杯虫、指环虫、钩介幼虫等，可用镊子取少许鳃丝与黏液置于载玻片上观察。

(3) 肠道　取肠壁黏液检查。寄生在肠道内的小型寄生虫有球虫、复殖吸虫、线虫等。

镜检时，若发现有几种寄生虫时，要注意各种寄生虫的数量及危害情况，区分出主要病原体和次要病原体，抓住主要矛盾，对症治疗。

根据肉眼观察、显微镜检查结果，以及鱼体大小、发病季节、中间宿主及本地区流行病发生情况，做出正确的诊断。

三、鱼病的预防

鱼类栖息在水中，一旦患病，诊断和治疗都有一定困难。因此，注意早期预防，对于减轻鱼病危害具有重要意义。

（一）彻底清整鱼塘

池塘是鱼类生活的场所，其环境条件直接影响鱼类的生活。因此，在放养鱼类之前，一定要进行彻底的清塘消毒，以消灭病原、清除敌害、改善池塘环境条件。池塘消毒药物以生石灰为最好。

（二）加强饲养管理

1. 确定池塘专管人员

由专人负责放养、投饲、施肥、防病等管理工作。

2. 做好“四看和四定”投饵

这是养鱼生产较为有效的方法，也是防病的积极措施。

3. 改良水体环境

认真观察池塘水质变化，及时进行施肥、加注新水或换水等措施，减少或避免鱼病的发生。

4. 加强日常管理

早、晚各巡塘一次，阴雨恶劣天气和暴雨后的早晨，更要勤巡塘，经常铲除塘边杂草，防止病虫害。

5. 仔细操作拉网、转塘、运输等要细心操作，不要碰伤鱼体

6. 在每年5～9月份鱼病流行季节，做好药物预防

（1）鱼体消毒　在鱼种放养或转入大水面放养前，用高聚碘浸泡鱼种，每100kg水用药10g，浸浴10～15min；或每100kg水用高锰酸钾10～20g，浸浴5～10min。

（2）饲料消毒　投喂的水生植物，如水草、浮萍等要放在漂白粉溶液中浸泡20min左右，然后投喂；投施的粪便要充分发酵后每50kg加漂白粉50～120g，搅拌均匀后撒在粪肥上。

（3）食场消毒　在鱼病流行季节（5～9月份），要经常消除食场上的残余饵料。用生石灰5～7.5kg或漂白粉150～200g加水溶解、除渣，泼洒在食场周围，预防细菌性皮肤病和烂鳃病。还可以用硫酸铜50～100g加水溶解，泼洒，预防寄生虫性鳃病，每个月施用一次，可防止或减少一些鱼病的发生。

(4) 工具消毒　发病鱼塘用过的工具，用生石灰水或漂白粉水，或硫酸铜溶液浸泡10min左右。

(5) 药饵预防　按预防鱼病的种类，采用不同药物拌饵料喂鱼。

(6) 定期消毒水体　在鱼病流行季节前，定期用药物泼洒全池，可预防和减轻鱼病的发生。

① 漂白粉　鱼病流行季节，每半个月用1mg/L漂白粉；或按水深1m的水体每亩用20kg生石灰，对全池泼洒一次，可预防细菌性鱼病。

② 硫酸铜、硫酸亚铁合剂　每月或每两个月进行一次，用0.7mg/L硫酸铜、硫酸亚铁合剂（比例为5∶2）全池泼洒，可预防寄生虫性鱼病，如车轮虫病、中华鳋病等。

③ 敌百虫　用90%晶体敌百虫0.2～0.5mg/L全池泼洒，对指环虫、中华鳋以及锚头鳋幼虫有杀灭作用。

(7) 泼洒药物的注意事项

① 泼洒药物时要正确测量水体，准确计算药量。

② 泼洒药物的同时不能再投饵料。

③ 鱼种塘泼洒漂白粉、硫酸铜等药物，应用水将粉溶化，不允许有颗粒存在，否则鱼种误当食物吞下，会引起大批死亡。

四、常见渔药

（一）外用消毒剂

消毒剂是指为改善水产养殖动物生活环境而使用的药物，包括水质或底质改良剂、消毒剂等，如碱类、卤素类、醛类药物等。常见水产用消毒剂有以下几种。

1. 聚乙烯吡咯烷酮碘

聚乙烯吡咯烷酮碘（PVP-I）具有高效、广谱、无刺激性、无副作用等优点，广泛用于水产动物病毒性疾病及细菌性疾病的防治。

2. 甲醛

本品为无色澄明液体，有刺激性特臭，能与水或乙醇任意混合，易挥发，有腐蚀性。常用的40%甲醛溶液（体积分数）又称为福尔马林，能使蛋白质变性，对细菌、真菌、病毒和寄生虫均有良好的杀灭作用。

3. 二氧化氯

二氧化氯为高效、广谱、无残留、无致突变风险的消毒剂，广泛用于水产动物病毒性疾病及细菌性疾病的防治。使用时人应站在上风头，以免眼睛受刺激；对岸上的植物及水中的藻类也有杀伤作用。

4. 漂白粉

漂白粉又称含氯石灰、次氯酸钙、氯化石灰和氯石灰，是次氯酸钙、氯化钙和氢氧化钙的混合物。灰白色粉末，有氯臭，在空气中吸收水分及二氧化碳而缓慢分解。遇酸则迅速放出氯气。部分溶于水，水溶液呈碱性。含有效氯25%～30%，这是指具有消毒作用的氯占总质量的百分比。漂白粉加入水中，生成具有杀菌能力的次氯酸和次氯酸盐阴离子，前者杀菌作用快而强，后者杀菌力较弱。次氯酸又可放出活性氯和初生态氧，呈现杀菌作用；其杀菌作用强，但不持久；在酸性环境中杀菌作用强，在碱性环境中杀菌作用减弱。本品对组织有强大的刺激作用，遇易燃、易爆物易引起爆炸。本品不稳定，受潮、受光均易分解，应密闭贮存于阴凉干燥处，不能用金属容器贮存。本品用于池塘消毒及细菌性疾病防治。使用前应注意有效氯含量不应低于25%。

水中次氯酸和次氯酸盐阴离子易与植物残屑等的分解产物起作用，产生三卤甲烷及卤代有机物等致癌物，特别是有机质较多、pH高的池水，产生三卤甲烷的浓度增加。三卤甲烷及卤代有机物可进入机体增加它的亲脂性，招致蓄积中毒，如氯与水中有机物反应生成氯代尿嘧啶，当水中含有1μg/L时，可使鱼发生畸形，胚胎孵化率下降，最终导致死亡。卤素衍生物有异味，尤其是氯与芳香族化合时（如氯酚），含1μg/L时就产生异味、变质，所以应尽量少用。

5. 漂粉精

漂粉精又称次氯酸钙。本品为白色或带微灰色粉末或颗粒，有强烈氯臭，易溶于水；不能与还原剂、有机物、铵盐混合，否则易引起爆炸。本品含有效氯60%～70%，性质不稳定，受潮、受光均易分解，应密闭贮存于阴凉干燥处，不能用金属容器贮存。本品用于池塘消毒及细菌性疾病防治。使用前应注意有效氯含量不低于60%。

6. 二氯异氰尿酸钠

二氯异氰尿酸钠又称优氯净，为白色结晶性粉末，有氯臭，含有效氯60%～64%。本品性质稳定，室内存放半年后，有效氯含量仅降低0.16%；易溶于水，水溶液呈酸性，且稳定性差。本品为氯胺化合物，含氯亚氨基，能水解生成次氯酸，故有杀菌作用，受水中有机物的影响较漂白粉等无机氯为小；用于防治水产动物细菌性疾病。本品也能与水中有机物的降解物生成三卤甲烷及卤代有机物等致癌物质。

7. 三氯异氰尿酸

三氯异氰尿酸又称强氯精，为白色结晶性粉末或粒状固体，具有强烈的氯气刺激味，含有效氯85%以上，水中溶解度为1.2%，遇酸或碱易分解。本品是一种极强的氧化剂和氯化剂，存放于干燥通风处，不能与酸碱类药物混存或合并使用，不能接触金属容器。本品用于防治细菌性疾病；能水解生成次氯酸，故有杀菌作用；也能与水中有机物的降解物生成三卤甲烷及卤代有机物等致癌物质。

8. 生石灰

生石灰又称氯化钙，为白色或灰白色硬块，无臭；在空气中吸收二氧化碳，变成碳酸钙而失效。生石灰与水混合后生成氢氧化钙，从而杀死池中的病原体及残留在池中的敌害生物；能使悬浮的胶状有机物质等胶结沉淀，澄清池水；使泥池矿化，释放出被淤泥吸附着的氮、磷、钾等元素，使水变肥。生石灰遇水变成氢氧化钙后，又吸收二氧化碳成为碳酸钙沉淀，碳酸钙能使淤泥成为疏松的结构，改善池底的通气条件，加速细菌分解有机质；碳酸钙又能保持水的pH稳定，呈弱碱性，有利于水产动物生长；钙又是绿色植物和水产动物所不可缺少的营养元素；能与铜、锌、铁、磷等结合而减轻毒性。所以生石灰是常用的清塘消毒药。

9. 高锰酸钾

本品为强氧化剂，遇有机物即释放初生态氧而呈强杀菌力，可用于消毒、防腐和防治细菌性疾病；此外，还可杀灭原虫、单殖吸虫等寄生虫。本品对虾、蟹类好用，但某些鱼类对其敏感，应慎用。

（二）生物类环境改良剂

生物类环境改良剂是指某些微生物把水体中或底泥中的氯、硫化氢、有害物质等分解，变成有益的物质，达到改良、净化环境的目的。目前常用的有光合细菌、EM益生菌、芽孢杆菌、乳酸菌、放线菌、枯草杆菌等。

（1）光合细菌　光合细菌（PSB）是以光作为能源，以二氧化碳或小分子有机物作为碳源，以硫化氢等作为供氢体，进行完全自养性或光能异养性生长但不产氧的一类微生物的总称。光合细菌无毒、无害，能被鱼体充分利用。光合细菌通过氧化磷酸化途径使有机物氧化，获得生长、发育和繁殖，从而产生净化水质的作用；光合细菌含有大量的促生长因子和生理活性物质，营养丰富，可作为饵料和饲料添加剂；另外，光合细菌还能生成抗病性酵素，防治烂腮病、肠道疾病、水霉病、赤鳍病等多种疾病。

（2）EM益生菌　主要以嗜酸乳杆菌为主导的有益微生物菌群及芽孢杆菌、硝化菌、反硝化菌、果糖、核酸、多种微量元素和促生长因子。EM益生菌多效活性液渗入水体后，能抑制病原微生物和有害物质，调整养殖生态环境，提高水中溶氧量，促进养殖生态系统中的正常菌群和有益藻类活化生长，保持养殖水体的生态平衡；拌入饵料投喂，可直接增强鱼类的吸收功能和防病抗逆能力，促进健壮生长。EM益生菌多效活性液中的光合菌还能利用水中的硫化氢、有机酸、氨及氨基酸，兼有反硝化作用，消除水中的亚硝酸铵，从而净化养殖池中的排泄物和残饵，改善水质，减少鱼病。

（三）抗细菌药物

抗细菌药物（简称抗菌药）是指一类对细菌有抑制或杀灭作用的药物。水产抗菌药主要包括来自于自然界某种微生物的抗生素和人工合成的抗菌药，如磺胺类、喹诺酮类等。

1. 抗生素

抗生素指由微生物产生的在低浓度下具有抑制或杀死其他微生物作用的化学物质。1928年英国学者弗莱明首先发现了青霉素。目前所用的抗生素大多数是从微生物培养液中提取的，有些抗生素已能人工合成。由于不同种类的抗生素的化学成分不一，因此它们对微生物的作用机制也很不相同，有些抑制蛋白质的合成，有些抑制核苷酸的合成，有些则抑制细胞壁的合成。由于抗生素可使95%以上由细菌感染而引起的疾病得到控制，因此被广泛应用于水产动物病害的防治，现已成为治疗传染性疾病的主要药物。

抗生素在水产养殖病害防治中有显著的应用效果，但其利弊之间的矛盾日益激化。抗生素在水产养殖中应用带来的副作用，例如耐药菌株的产生和在水产品中产生药物残留，已经受到普遍关注。因此，为了人类的健康和水产养殖的发展，应科学、合理地认识抗生素使用的利和弊，在生产中谨慎使用抗生素。

水产常用抗生素类药物种类及其使用方法列举如下。

氟苯尼考

【性状】本品又称氟甲砜霉素，为甲砜霉素的氟衍生物，外观为白色或类白色结晶粉末，无臭，微溶于水。

【作用与用途】本品为一种新型广谱高效抗菌药物，自20世纪90年代初开始应用于水产养殖。中国1999年批准氟苯尼考为国家二类新兽药，在水产养殖上可用于治疗鳗鲡爱德华氏菌病和鳗鱼赤鳍病。

【用法与用量】口服，混饲：每千克鱼体重拌饵料投喂10～15mg（以氟苯尼考计），每天1次，连用3～5d。

【注意事项】①混拌后的饵料不宜久置；②本品应妥善存放，以免造成人、畜误服；③使用后的废弃包装物要妥善处理。

2. 磺胺类药物

磺胺类药物是人工合成的广谱抗菌药，单独使用易产生耐药性，常与抗生素增效剂如TMP（三甲氧苄氨嘧啶）等连用；磺胺（对氨苯磺酰胺）与对氨苯甲酸结构相似，细菌摄入磺胺后，大量磺胺与对氨苯甲酸竞争抑制并取代后者，从而阻止细菌叶酸合成，抑制细菌生长繁殖。常见药物有磺胺嘧啶、磺胺甲噁唑和磺胺间甲氧嘧啶。

磺胺类药物使用注意原则：

① 大剂量原则。因为其作用机制为与对氨苯甲酸竞争二氢叶酸合成酶，故应第一次给药量加倍，以后以正常剂量每千克鱼体重用50～200mg维持，病症消失后仍以半剂量投喂2～3d。

② 避免毒性反应。大剂量容易引起磺胺结晶中毒。可以服用等量小苏打或采用磺胺复合制剂（加入1/5TMP）预防。

③ 磺胺药物难溶或不溶于水，因而一般采用内服或浸浴等给药方式，一般不全池泼洒。

④ 避光密封保存。

常见水产磺胺类药物及其使用方法列举如下。

（1）磺胺嘧啶

【性状】本品为白色或类白色的结晶或粉末；无臭，无味；遇光色渐变暗。在乙醇或丙酮中微溶，在水中几乎不溶，在氢氧化钠溶液或氨溶液中易溶，在稀盐酸中溶解。

【作用与用途】本品为治疗全身感染的中效磺胺，抗菌谱广，对大多数革兰阳性菌和革兰阴性菌均有抑制作用。常用于防治细菌性败血症、细菌性烂腮病和细菌性肠炎病等疾病。

【用法与用量】内服：鱼类一般用量为每千克鱼体重50～100mg。每天分两次投喂，连用6d。

（2）磺胺甲噁唑

【性状】白色结晶或粉末；无臭，味微苦；遇光色渐变暗。在水中几乎不溶，在稀盐酸、氢氧化钠溶液或氨溶液中溶解。

【作用与用途】常用于防治气单胞菌病、爱德华菌病和弧菌病等细菌性疾病。

【用法与用量】内服：鱼类一般用量为每千克鱼体重150～200mg。每天1次，连用5～7d。

(3) 磺胺间甲氧嘧啶

【性状】白色或类白色的结晶或粉末；无臭，几乎无味；遇光色渐变暗。在水中不溶，在氢氧化钠溶液或稀盐酸中易溶。

【作用与用途】常用于防治肠炎病、烂鳃病和赤皮病等细菌性疾病。

【用法与用量】内服：鱼类一般用量为每千克鱼体重 100～150mg。每天分两次投喂，连用 4～6d。

3. 喹诺酮类药物

喹诺酮类药物是具有喹诺酮结构的人工合成抗菌药，作用机制为抑制细菌 DNA 回旋酶活性，干扰 DNA 合成。由于喹诺酮类药物具有抗菌谱广、抗菌性强、给药方便、与常用抗菌药物无交叉耐药性、价格相比抗生素低等特点，自上市来，广泛应用于水产动物疾病防治。常见水产用喹诺酮类药物有以下几种。

恩诺沙星

【性状】本品为类白色粉末，无臭，易溶于碱性溶液中，微溶于水。

【作用与用途】本品对革兰阴性菌有很强的杀灭作用，对革兰阳性菌也有很好的抗菌作用，口服吸收好，血药浓度高且稳定，能广泛分布于组织中。用于治疗水产动物由细菌引起的出血性败血症、烂鳃病、打印病、肠炎病、赤鳍病、红体病、溃疡病、爱德华氏菌病等疾病。

【用法与用量】内服：每千克体重（水产动物）10～20mg（以恩诺沙星计），即相当于每千克体重用本品 0.1～0.2g（按 5%投饵量计，每千克饲料用本品 2.0～4.0g），连用 5～7d。

【注意事项】①避免与含阳离子的药物如制酸药氢氧化铝、三硅酸镁等（影响吸收）或饲料添加剂同时内服。禁与利福平（RNA 合成抑制药）和氟苯尼考等有颉颃作用的药物配伍。②均匀拌饵投喂。③包装物用后集中销毁。

（四）抗病毒药物

目前，用于水产动物病毒的药物种类很少，而且效果不理想，主要是由于病毒具有严格的寄生性，不易清除。因此要求抗病毒药物既能进入宿主细胞杀死病毒，又不对宿主细胞造成伤害。迄今为止，被各国批准的抗病毒药物不足 30 种。

(1) 聚乙烯吡咯烷酮碘（PVP-I） 本品为含碘广谱消毒剂，对病毒、细菌和真菌均有良好杀灭能力。此药可与抗生素同时使用，以防治病原的继发性感染。

(2) 盐酸吗啉胍（病毒灵） 本品为白色结晶粉末，属广谱抗病毒药，其作用机制是抑制 RNA 聚合酶的活性和干扰核酸的复制。

(3) 利巴韦林 本品为鸟苷类化合物，对 DNA 病毒和 RNA 病毒均具有广谱作用。

(4) 金刚烷胺 常用其盐酸盐，作用机制是阻止病毒的穿入和脱壳，抗病毒谱较窄。

(5) 免疫抑制剂 疫苗能够有效预防病毒性疾病，且符合不污染环境、无药物残留的要求，已成为研究的重点，但受一些因素的限制，目前发展缓慢。我国目前获得新兽药证书的水产疫苗产品主要有 3 种，分别为草鱼出血病细胞灭活疫苗、嗜水气单胞菌灭活疫苗，以及牙鲆鱼溶藻弧菌-鳗弧菌-迟缓爱德华菌多联抗独特型抗体疫苗，运用效果有待提高。

（五）抗真菌药物

真菌的种类不多。动物机体感染真菌之后，通常的抗生素治疗大多无效。根据真菌侵袭机体部位的不同，真菌可分为两类：一是体表浅部真菌，二是深部组织和内脏器官的真菌。在水生动物上主要的真菌为水霉和鳃霉。常用的抗真菌药物前者有制霉菌素，后者有克霉唑。

（1）制霉菌素　本品是从链霉菌培养液中分离的多烯类广谱抗真菌药。

（2）克霉唑　本品是人工合成的咪唑类药物，对深、浅部真菌均有良好作用。

（六）杀虫驱虫药

用来杀灭或驱除水产动物体内、外寄生虫及敌害生物的一类物质称为杀虫驱虫药。常用的杀虫驱虫药有硫酸铜、硫酸亚铁、小苏打、硫双二氯酚和敌百虫等。

（1）硫酸铜　属于重金属盐类，能与蛋白质结合而产生沉淀，杀灭病原。其对指环虫、隐鞭虫、藻类等有良好的杀灭效果。其药效与温度成正比，与 pH 和有机酸成反比。在使用时勿用金属容器，并且要准确计算用量。

（2）硫酸亚铁　常与硫酸铜或敌百虫等合用，为辅助药物。

（3）小苏打　0.25％的溶液浸泡 3min 可治疗本尼登虫病和异斧虫病。

（4）硫双二氯酚（别丁）　可用于驱除和杀灭鱼类腮或体表寄生的单殖吸虫。

（5）敌百虫　属有机磷驱虫药，有 90％晶体、25％粉剂两种。可用于杀灭鱼体表或鳃上的寄生甲壳类和单殖吸虫，遍洒法的用量分别为：晶体 0.2～0.4mg/L，粉剂 1～4mg/L。注意：虾、蟹单养或混养的池塘不能用，用药前 1 周勿用石灰消毒。

（6）重要杀虫药　主要原料有苦参、使君子、雷丸、贯众等，具有杀菌谱广、杀菌率高的优点，对指环虫病、三代虫病、车轮虫病等常见寄生虫病均有很好的防治作用。而且其对鱼、虾、蟹十分安全，投药后不影响鱼、虾等水产动物摄食。

（七）中草药类

中草药是中药和草药的总称。中草药具有高效、副作用和毒性反应小、抗药性不显著、资源丰富和价格低廉等优点。因此，中草药在水产动物疾病防治中占有重要地位。我国利用中草药治疗水产动物疾病已经有较长的历史，但目前，在水产养殖过程中大多为单用或简单加工后使用某种中草药，关于中草药的基础药理研究也比较薄弱。今后应该在注重研究中草药药理学、药效学的同时，积极开发用于水产动物疾病防治的中草药制剂。

现将水产中常用的中草药介绍如下。

（1）大黄　多年生草本植物。以根、茎入药，抗菌作用强，抗菌谱广，可防治肠炎病、烂鳃病、白头白嘴病等。

（2）黄芩　多年生草本植物。以根入药，有抑菌、抗病毒、镇静、利尿解毒等功效，可防治烂腮病、打印病、败血病、肠炎病等。

（3）黄连　又名鸡爪连、川连、味连、土黄连，多年生草本植物。以根状茎入药，有抑菌、消炎、解毒功效，主要用于防治细菌性肠炎。

（4）黄柏　又名案木、聚皮、元柏，落叶乔木。以树皮入药，有抑菌、解毒、消肿、止痛等功能，可防治草鱼出血病。

（5）苦楝　又名楝树，落叶乔木。根、茎、叶、果均可入药，有杀虫、杀菌作用，用于防治寄生虫，如锚头鳋、车轮虫、隐鞭虫、毛细线虫等。

（6）五倍子　又名棓子、百药煎、百虫仓等，为漆树科植物盐肤木的叶上的干燥虫瘿，由五倍子的蚜虫寄生而成。杀菌能力强，用于防治白头白嘴病、白皮病、赤皮病、疖疮病等。

（7）大蒜　以鳞、茎入药，所含的大蒜素具有广谱抑菌、止痢、驱虫及健胃功效，常用于防治肠炎病、烂腮病、锚头鳋病等。

（8）乌桕　又名油子树、白桕、木梓树等，落叶乔木。以果、叶入药，有杀菌、消肿作用，常用于防治细菌性烂腮病、白头白嘴病等。

常见渔药及其用法见表1-23。

表1-23　常见渔药及其用法

渔药名称	用途	用法与用量	休药期/d	注意事项
氧化钙（生石灰）	用于改善池塘环境，清除敌害生物及预防部分细菌性鱼病	带水清塘：200～250mg/L（虾类：350～400mg/L） 全池泼洒：20mg/L（虾类：15～30mg/L）		不能与漂白粉、有机氯、重金属盐、有机络合物混用
漂白粉	用于清塘、改善池塘环境及防治细菌性皮肤病、烂鳃病、出血病	带水清塘：20mg/L 全池泼洒：1.0～1.5mg/L	≥5	1. 勿用金属容器盛装 2. 勿与酸、铵盐、生石灰混用
二氯异氰尿酸钠	用于清塘及防治细菌性皮肤溃疡病、烂鳃病、出血病	全池泼洒：0.3～0.6mg/L	≥10	勿用金属容器盛装
三氯异氰尿酸	用于清塘及防治细菌性皮肤溃疡病、烂鳃病、出血病	全池泼洒：0.2～0.5mg/L	≥10	1. 勿用金属容器盛装 2. 针对不同的鱼类和水体的pH，使用量应适当增减
二氧化氯	用于防治细菌性皮肤病、烂鳃病、出血病	浸浴：20～40mg/L，5～10min 全池泼洒：0.1～0.2mg/L，严重时0.3～0.6mg/L	≥10	1. 勿用金属容器盛装 2. 勿与其他消毒剂混用
二溴海因	用于防治细菌性和病毒性疾病	全池泼洒：0.2～0.3mg/L		
氯化钠（食盐）	用于防治细菌、真菌或寄生虫疾病	浸浴：1%～3%，5～20min		
硫酸铜（蓝矾、胆矾、石胆）	用于治疗纤毛虫、鞭毛虫等寄生性原虫病	浸浴：8mg/L（海水鱼类：8～10mg/L），15～30min 全池泼洒：0.5～0.7mg/L（海水鱼类：0.7～1.0mg/L）		1. 常与硫酸亚铁合用 2. 广东鲂慎用 3. 勿用金属容器盛装 4. 使用后注意池塘增氧 5. 不宜用于治疗小瓜虫病
硫酸亚铁（硫酸低铁、绿矾、青矾）	用于治疗纤毛虫、鞭毛虫等寄生性原虫病	全池泼洒：0.2mg/L（与硫酸铜合用）		1. 治疗寄生性原虫病时需与硫酸铜合用 2. 乌鳢慎用
高锰酸钾（锰酸钾、灰锰氧、锰强灰）	用于杀灭锚头鳋	浸浴：10～20mg/L，15～30min 全池泼洒：4～7mg/L		1. 水中有机物含量高时药效降低 2. 不宜在强烈阳光下使用

续表

渔药名称	用 途	用法与用量	休药期/d	注意事项
四烷基季铵盐络合碘(季铵盐含量为50%)	对病毒、细菌、纤毛虫、藻类有杀灭作用	全池泼洒:0.3mg/L(虾类相同)		1. 勿与碱性物质同时使用 2. 勿与阴性离子表面活性剂混用 3. 使用后注意池塘增氧 4. 勿用金属容器盛装
大蒜	用于防治细菌性肠炎	拌饵投喂:每千克体重10～30g,连用4～6d(海水鱼类相同)		
大蒜素粉(含大蒜素10%)	用于防治细菌性肠炎	每千克体重0.2g,连用4～6d(海水鱼类相同)		
大黄	用于防治细菌性肠炎、烂鳃	全池泼洒:2.5～4.0mg/L(海水鱼类相同) 拌饵投喂:每千克体重5～10g,连用4～6d(海水鱼类相同)		投喂时常与黄芩、黄柏合用(三者比例为5∶2∶3)
黄芩	用于防治细菌性肠炎、烂鳃病、赤皮病、出血病	拌饵投喂:每千克体重2～4g,连用4～6d(海水鱼类相同)		投喂时常与大黄、黄柏合用(三者比例为2∶5∶3)
黄柏	用于防治细菌性肠炎、出血病	拌饵投喂:每千克体重3～6g,连用4～6d(海水鱼类相同)		投喂时常与大黄、黄芩合用(三者比例为3∶5∶2)
五倍子	用于防治细菌性烂鳃病、赤皮病、白皮病、疖疮病	全池泼洒:2～4mg/L(海水鱼类相同)		
穿心莲	用于防治细菌性肠炎、烂鳃病、赤皮病	全池泼洒:15～20mg/L 拌饵投喂:每千克体重10～20g,连用4～6d		
苦参	用于防治细菌性肠炎、竖鳞病	全池泼洒:1.0～1.5mg/L 拌饵投喂:每千克体重1～2g,连用4～6d		
土霉素	用于治疗肠炎病、弧菌病	拌饵投喂:每千克体重50～80mg,连用4～6d(海水鱼类相同;虾类,每千克体重50～80mg,连用5～10d)	≥30(鳗鲡) ≥21(鲶)	勿与铝、镁离子及卤素、碳酸氢钠、凝胶合用
噁喹酸	用于治疗细菌肠炎病,赤鳍病,香鱼、对虾弧菌病,鲈结节病,鲱疖疮病	拌饵投喂:每千克体重10～30mg,连用5～7d(海水鱼类每千克体重1～20mg;对虾,每千克体重6～60mg,连用5d)	≥25(鳗鲡) ≥21(鲤、香鱼) ≥16(其他鱼类)	用药量视不同的疾病有所增减
磺胺嘧啶(磺胺哒嗪)	用于治疗鲤科鱼类的赤皮病、肠炎病,以及海水鱼链球菌病	拌饵投喂:每千克体重100mg,连用5d(海水鱼类相同)		1. 与甲氧苄氨嘧啶(TMP)同用,可产生增效作用 2. 第一天药量加倍

续表

渔药名称	用途	用法与用量	休药期/d	注意事项
磺胺甲噁唑(新诺明、新明磺)	用于治疗鲤科鱼类的肠炎病	拌饵投喂:每千克体重100mg,连用5～7d		1. 不能与酸性药物同用。 2. 与甲氧苄氨嘧啶(TMP)同用,可产生增效作用 3. 第一天药量加倍
磺胺间甲氧嘧啶(制菌磺、磺胺-6-甲氧嘧啶)	用于治疗鲤科鱼类的竖鳞病、赤皮病及弧菌病	拌饵投喂:每千克体重50～100mg,连用4～6d	≥37 (鳗鲡)	1. 与甲氧苄氨嘧啶(TMP)同用,可产生增效作用 2. 第一天药量加倍
氟苯尼考	用于治疗鳗鲡爱德华菌病、赤鳍病	拌饵投喂:每千克体重10mg,连用4～6d	≥7 (鳗鲡)	
聚维酮碘(聚乙烯吡咯烷酮碘、皮维碘、PVP-I、伏碘,有效碘1.0%)	用于防治细菌性烂鳃病、弧菌病、鳗鲡红头病。并可用于预防病毒病:如草鱼出血病、传染性胰腺坏死病、传染性造血组织坏死病、病毒性出血败血症	全池泼洒:海、淡水幼鱼、幼虾,0.2～0.5mg/L;海、淡水成鱼、成虾,1～2mg/L;鳗鲡,2～4mg/L 浸浴:草鱼鱼种,30mg/L,15～20min;鱼卵,30～50mg/L(海水鱼卵25～30mg/L),5～15min		1. 勿与金属物品接触 2. 勿与季铵盐类消毒剂直接混合使用

注:1. 用法与用量栏未标明海水鱼类与虾类的均适用于淡水鱼类。
2. 休药期为强制性。

(八)疫苗

世界各国都在积极开发水产用疫苗，我国目前仅有3种疫苗获得批准应用，即草鱼出血病细胞灭活疫苗、嗜水气单胞菌灭活疫苗、牙鲆溶藻弧菌-鳗弧菌-迟缓爱德华氏菌病多联抗独特型抗体疫苗。

(九)其他类药物

1. 营养剂和代谢改良剂

营养剂和代谢改良剂主要用于增加机体营养和代谢功能，如维生素、微量元素、免疫增强药。

2. 抗霉剂和抗氧化剂

抗霉剂和抗氧化剂主要用于人工合成饵料中，防止饲料霉变及氧化变质，如山梨酸(钾)、苯甲酸钠、乙氧基喹啉和维生素E等。

3. 麻醉剂和镇静剂

麻醉剂和镇静剂主要用于亲鱼虾人工授精、种苗及鲜活水产品运输、疫苗接种等，如MS22(间氨基苯甲酸乙酯甲基磺酸盐)。

（十）禁止使用的药物

禁用渔药见表 1-24。

表 1-24 禁用渔药

药物名称	别名	药物名称	别名
地虫硫磷	大风雷	磺胺脒	磺胺胍
六六六 BHC(HCH)		呋喃西林	呋喃新
林丹	丙体六六六	呋喃唑酮	痢特灵
毒杀芬	氯化莰烯	呋喃那斯	P-7138(实验名)
滴滴涕 (DDT)		氯霉素（包括其盐、酯及制剂）	
甘汞		红霉素	
硝酸亚汞		杆菌肽锌	枯草菌肽
醋酸汞		泰乐菌素	
呋喃丹	克百威、大扶农	环丙沙星	环丙氟哌酸
杀虫脒	克死螨	阿伏帕星	阿伏霉素
双甲脒	二甲苯胺脒	喹乙醇	喹酰胺醇羟乙喹氧
氟氯氰菊酯	百树菊酯、百树得	速达肥	苯硫哒唑氨甲基甲酯
氟氰戊菊酯	保好江乌、氟氰菊酯	己烯雌酚（包括雌二醇等其他类似合成等雌性激素）	乙烯雌酚、人造求偶素
五氯酚钠			
孔雀石绿	碱性绿、盐基块绿、孔雀绿	甲基睾丸酮（包括丙酸睾酮、美雄酮以及同化物等雄性激素）	甲睾酮、甲基睾酮
锥虫胂胺			
酒石酸锑钾			
磺胺噻唑	消治龙		

五、常见鱼病的防治

养殖鱼类的病害很多，也比较复杂。有时一种病症可能是几种病因引起的，如肠炎病就可能有寄生虫性、细菌性和病毒性的病原；而有时同一种病原既在鳃上出现，又会在皮肤上造成病变。有的鱼病主要在鱼苗到夏花阶段比较常见，而有的主要危害鱼种或成鱼。

（一）细菌性烂鳃病

细菌性烂鳃病又称为乌头瘟，是由鱼害黏球菌侵入鱼的鳃部引起的。

1. 症状

病鱼头部发黑，鳃丝腐烂发白，软骨外露，有黏液和污物覆盖，严重时鳃盖内、外表皮充血。病鱼多离群独游，行动迟缓，头部暗黑，不爱吃食。

2. 流行情况

此病流行地区很广，从南到北都有发现，发病季节多在 4～10 月，夏季发病率高。此病多与肠炎、赤皮病、出血病并发。其对草鱼鱼种及成鱼危害严重，对鲢、鳙等鱼也有感染。

3. 防治方法

（1）在操作时要轻快小心，避免鱼体受伤。

（2）苗种放养时要用药物浸泡消毒。

(3) 使用50%的季铵盐络合碘0.1～0.2mg/L或用8%的一元二氧化氯0.15～0.28mg/L全池泼洒。

(二) 细菌性肠炎

细菌性肠炎，又称为烂肠瘟、肠管炎。此病由肠型点状产气单胞菌引起。

1. 症状

病鱼在池中缓慢独游于水面；食欲减退或停食；肠部肿大，有红斑，肛门红肿，解剖肠管，其内充满黄色黏液，肠壁充血发炎，呈红色或紫红色，严重时轻压腹部，有带红色的黏液从肛门流出；鱼体呈黑色。

2. 流行情况

此病流行很广，全国各地均有发生。一年四季都可流行，以4～10月份多见。常与烂鳃病、赤皮病并发。主要危害青鱼、草鱼鱼种和成鱼，特别是二龄草鱼，死亡率一般为20%～50%，严重时高达90%以上，甚至全池死亡，是目前危害最严重的鱼病之一。

3. 防治方法

(1) 改善水体环境，保持水质良好。

(2) 加强饲养管理，坚持“四定”投饲原则。

(3) 治疗时可用1mg/L漂白粉全池泼洒，在饲料中添加2‰～3‰的大蒜素或氟苯尼考及2‰的免疫多糖进行内服，连续投喂5d。使用50%的季铵盐络合碘0.1～0.2mg/L，或者用8%的一元二氧化氯0.15～0.20mg/L全池泼洒。

(4) 可用10%的氟本尼考按每千克饲料添加2～5g，同时辅以内服保肝药物。肠炎内服50%的氧氟沙星，按每千克饲料5～8g连喂5～7d。

(三) 细菌性白皮病

细菌性白皮病又称为白尾病。该病是因拉网、操作不慎，擦伤鱼体，白皮极毛杆菌侵入鱼体而引起的。

1. 症状

发病初期，尾柄和背鳍基部出现一小白点，以后蔓延到后半部或全部白色，病鱼行动失常，头朝下，尾朝上，与水面近于垂直，不久即死亡。

2. 流行情况

白皮病传染很快，主要危害鲢、鳙的夏花鱼种，夏花草鱼也有发现。该病流行地区较广，发病季节多在夏、秋季节。

3. 防治方法

(1) 保持池水清洁，在捕捞、运输、鱼种放养时避免鱼体受伤，发现寄生虫及时消灭。

(2) 放养前可用2%～3%食盐，或12.5mg/L的金霉素，或25mg/L的土霉素药浴

20～30min。

(3) 全池泼洒漂白粉1mg/L治疗。

(4) 水深1m，每亩水面用韭菜2～2.5kg，与豆饼加少量食盐混合后捣碎喂鱼。

(四) 细菌性赤皮病

细菌性赤皮病，又称为赤皮瘟、擦皮瘟。此病大多由于拉网、操作、运输过程中皮肤受伤，荧光极毛杆菌侵入鱼体而引起的。

1. 症状

鱼体外表局部或大部充血、发炎、鳞片脱落，鱼体两侧和腹部最明显。严重时病鱼鱼鳍基部充血，鳍条末端腐烂，鳍条间组织破坏。病鱼常离群独游于水面，行动迟缓，摄食减少或停止，不久即死亡。

2. 流行情况

全国各养鱼地区都有发生，一年四季可见，常与烂鳃病、肠炎病、出血病并发。此病是草鱼、青鱼的鱼种和成鱼阶段的主要疾病之一，鲤发病也很普遍。

3. 防治方法

(1) 在捕捞、运输、放养过程中避免鱼体受伤。

(2) 鱼种放养时先用5～10mg/L浓度的漂白粉溶液浸洗0.5h左右（依水温、鱼能耐受的程度灵活掌握），可以预防本病。

(3) 用1mg/L漂白粉全池喷洒或用漂白粉挂袋食场，同时投喂口服磺胺-6-甲氧嘧啶，每50kg鱼第1天用药5g，第2～第6天减半，拌饵投喂。

(五) 暴发性出血病

该病又称细菌性败血症，是春季危害最大的一种传染性细菌病。该病主要由嗜水气单胞菌、温和气单胞菌、鲁氏耶尔森菌等细菌引起。

1. 症状

发病后鱼体表充血，肛门红肿，腹部膨大，腹腔内积有大量的腹水并有溶血现象。肠道内无食物，却有很多黏液。病鱼有时伴有眼球突出、鳞片竖起、鳃丝末端腐烂等症状。

2. 流行情况

主要危害对象为草鱼、鲫、鲤、鲢及鳙等常规品种。该病发病急、传染快，且死亡率高、损失大。一旦发病即难以控制，且病情反复的情况比较多。

3. 防治方法

(1) 彻底清塘，及时清除池塘中多年淤积的底泥，然后每亩用75～80kg生石灰全池泼洒。

(2) 鱼种下池前用10～20g/L食盐或15～20mg/L的高锰酸钾药浴10～15min。

（3）定期做好水体消毒。一般可用生石灰、二溴海因、光合细菌、EM 菌等环保药物交替使用。

（4）治疗方法：连续采用 0.25～0.30mg/L 二溴海因全池泼洒 2d。若病情严重，间隔 2d 后再用 0.3mg/L 超碘季铵盐泼洒一次。在外用药物的同时内服药饵，在每千克饲料中添加氟苯尼考（10%）0.3～0.4g，连续投喂 3～5d。

另外，对寄生虫性暴发性出血病的治疗，还有如下方法：①虫多、死鱼多的情况下，先用 4.5%的溴氰菊酯按 0.02mg/L 全池泼洒，然后每千克饲料配 1%的氟苯尼考 2～5g 并辅以维生素 C 投喂。②虫少、死鱼多的情况下，以内服为主、外用消毒为辅。内服方法同上。外用消毒方法为 50%的季铵盐络合碘按 0.1～0.2g/m^3，或 8%的一元二氧化氯按 0.15～0.20g/m^3 全池泼洒。

（六）细菌性白头白嘴病

白头白嘴病是由一种黏细菌引起的。

1. 症状

病鱼的头部和嘴的周围皮肤溃烂，色素消失，呈现白色。鱼体消瘦发黑，病鱼离群游动，行动缓慢，分散浮于池边水面，不久即死亡。

2. 流行情况

流行季节多在每年 5～7 月份。长江流域等养鱼区都有所发现，是危害草鱼、青鱼、鲢、鳙、鲤等夏花鱼种的严重鱼病之一，尤其对夏花草鱼危害严重。

3. 防治方法

（1）合理放养，保持水质清洁，不施未发酵的人畜粪肥。

（2）生石灰全池泼洒，水深 1m，每亩用生石灰 3.5～5.0kg。

（3）每立方米水体用五倍子 2g，煎汁全池泼洒。

（4）大黄全池泼洒治疗，用量为 2.5～3.7mg/L，使用前可按每千克大黄加 20kg 0.3%氨水浸泡 12～24h。

（5）每立方米水体用大黄 1～1.5g，与硫酸铜（每立方米水体用 0.5g）同时泼洒治疗。

（七）打印病

打印病又称腐皮病，病原体为点状产气单胞菌点状亚种。

1. 症状

症状通常产生在肛门附近的两侧或尾柄部位，皮肤和肌肉发炎，出现红斑。随着病情的发展，该部位鳞片脱落，肌肉逐渐腐烂，周围边缘充血，呈圆形或椭圆形病灶，好像打上了一个红色印记，故称打印病。病鱼身体瘦弱，游动迟钝，严重发病时，可陆续死亡。

2. 流行情况

此病主要危害鲢、鳙的鱼种和成鱼，感染率很高，流行于江苏、浙江、湖北、辽宁及北京等养鱼地区。一年四季都可出现，夏、秋两季最为严重。

3. 防治方法

（1）加注新水，避免鱼体受伤。

（2）用 1mg/L 漂白粉溶液全池泼洒。

（3）每立方米水体用五倍子 2～4g，全池泼洒。

（4）漂白粉与苦参配合治疗：第 1 天用漂白粉全池泼洒，每立方米水体用药 1.5g；第 2 天用苦参 0.75～1kg 煎汁全池泼洒，隔天重复 1 次，3d 为一疗程。若病情较轻，一个疗程即可痊愈；病情较重，需要 2～3 疗程，可基本痊愈，治愈率为 90%以上。

（八）鳞立病

鳞立病又称为竖鳞病、松鳞病、松皮病。此病初步认为是由水型点状极毛杆菌引起的。

1. 症状

病鱼体表粗糙，多数尾部鳞片像松球似的向外张开，鳞的基部水肿，内部积聚着半透明或含有血的渗出液，以至鳞片竖起，在鳞片上稍加压力，液体喷射出来，鳞片也随着脱落。有时还伴有鳍基和皮肤表面充血、眼球突出、腹部膨胀等症状。病鱼游动迟缓，腹部向上，数天后即死亡。

2. 流行情况

此病在黑龙江、辽宁等地区比较常见。华中、华东等地区也有发生。主要危害鲤、鲫和金鱼。此外，草鱼和鲢也有发生。每年春季发病较多。

3. 防治方法

（1）在 100kg 水中加入捣烂的蒜头 0.5kg，给病鱼浸洗数次，可使病鱼好转。

（2）2%食盐水与 3%小苏打混合液浸洗病鱼 10min。

（3）以 5mg/L 硫酸铜、2mg/L 硫酸亚铁和 10mg/L 漂白粉配制成混合液浸洗鱼体 5～10min。

（4）用磺胺间二甲氧嘧啶制成药饵投喂，每千克鱼每天喂给 100～200mg，连续用药 5d。

（九）水霉病

水霉病又称为白毛病、水绵病或覆绵病。水温 13～18℃，水清瘦，鱼处于饥饿状态时发病较多，主要是由于鱼苗、鱼种放养、拉网、运输等环节操作不慎，使皮肤受伤、鳞片脱落，水霉菌侵入引起的。水霉菌对温度适应范围很广，最适宜 pH 为中性，pH7.2 时生长最佳。水霉菌对盐反应比较敏感。

1. 症状

病鱼体表菌丝大量繁殖，呈灰白色，细长，像旧棉絮一样，肉眼可见。病鱼焦躁不安，运动失常，食欲减退，不久即死亡。

2. 流行情况

此病流行很广，全国各养鱼区均有发现。淡水鱼类都可能患病，其主要危害草鱼、青鱼、鲢、鳙、罗非鱼等，对鱼卵、鱼苗和鱼种危害最严重。空气湿润、温度较低的阴雨天气最易繁殖，霉菌一旦附着鱼体，24h 可蔓延全身。

3. 防治方法

(1) 鱼池内要用生石灰清塘消毒。

(2) 在捕捞、运输和放养时尽量避免鱼体受伤。

(3) 鱼种放养时必须用食盐或高锰酸钾浸洗消毒。

(4) 治疗方法：①0.4～0.5mg/L 食盐与小苏打合剂全池泼洒。②全池遍洒 2～3mg/L 亚甲基蓝，隔 2d 一次，5d 后再用 0.2～0.3mg/L 海因类或碘制剂药物泼洒一次。③根据含量不同，使用硫醚杀星、苯扎溴铵等通用药物。④还可用 20％水杨酸按 0.8mg/L 全池泼洒 2 次以上。

(十) 鳃霉病

鳃霉病是因鳃霉菌侵入鱼的鳃部而引起的。

1. 症状

病鱼鳃瓣失去正常的鲜红色而呈现粉红色或苍白色。随着病情的发展，菌丝不断向鳃组织里生长，破坏了鳃组织，堵塞血管，呼吸功能受到了严重的阻塞。

2. 流行情况

本病在广东、广西经常出现，江苏、湖北、浙江也有发现。从鱼苗到成鱼都可被感染，但主要危害鱼苗到鱼种阶段的鲮、青鱼、鳙、草鱼、鲤等鱼。近几年发现鲢也患此病。鲮鱼苗对此病特别敏感，发病率达 70％～80％，死亡率可达 90％以上。每年 5～10 月常发生此病，以 5～7 月最流行。

3. 防治方法

(1) 全池泼洒 1mg/L 漂白粉溶液。

(2) 全池泼洒 0.7mg/L 硫酸铜、硫酸亚铁合剂 (5：2)。

(3) 50kg 芭蕉心，切碎加食盐 1.5～2kg，再加乐果 50g 拌匀制成药饵。每 50kg 鱼喂上述药饵 2.5kg，投在食物台上饲喂。

(十一) 出血病

传染性出血病是由呼肠孤病毒引起的。

1. 症状

该病主要症状是肌肉、口腔、各种鳃条的基部充血。将皮肤剥开，病情较轻的全身肌肉呈点状充血，严重的全身肌肉呈红色，鳃盖、鳃部充血或出现“白鳃”。有时眼圈、肠道也充血。病鱼食欲减退，身体消瘦，体色黑，迟缓地在池边水面游动。

2. 流行情况

该病主要危害草鱼夏花和二龄草鱼，因此，有些地方也称之为草鱼出血病。此外，青鱼、麦穗鱼也有病例被发现。该病死亡率可高达80%以上，常与细菌性烂鳃病和细菌性肠炎并发。发病季节多在5～9月，8月为流行高峰；水温27℃以上最为流行，水温降至25℃以下，病情随之消失。

3. 防治方法

(1) 注射草鱼出血组织浆灭活疫苗或细胞弱毒疫苗进行预防。

(2) 发病季节全池泼洒二氧化氯消毒预防。

(3) 全池施用大黄等抗病毒药物预防。

(4) 治疗时每天每100kg鱼用大黄、黄芩、黄柏、板蓝根各0.5kg，加食盐0.5kg拌料饲喂，连喂7d。

(十二) 鳃隐鞭虫病

鳃隐鞭虫病是由鳃隐鞭虫寄生在鳃部引起的。该虫体狭长，前端较宽。从前端长出两根不等长的鞭毛，一根向前，另一根沿体表向后。活的鳃隐鞭虫用后鞭毛插入寄主的鳃表皮组织，使身体固着在鳃丝边上。该虫在光学显微镜下用高倍镜才能观察到。

1. 症状

虫体寄生在鳃上，破坏鳃的表皮，使鳃血管发炎。同时，鳃因受刺激可分泌大量的黏液，阻碍血液循环。病鱼体色发黑，鳃丝呈鲜红色。鱼体呼吸困难，最后窒息死亡。

2. 流行情况

每年6～10月为该病流行季节，该虫对各种淡水鱼都有感染，主要引起夏花草鱼的大批死亡。

3. 防治方法

鳃隐鞭虫寄生于鱼鳃、皮肤上，主要危害鱼苗。该病病程短，死亡率极高。

(1) 鱼池用生石灰进行消毒。

(2) 虫病发生后，及时全池遍洒硫酸铜或硫酸铜、硫酸亚铁合剂（5∶2），使饲养水体中药物终浓度达到0.7mg/L。

(3) 加强饲养管理，降低水体肥度，提高鱼体抵抗力。

(4) 鱼种放养前用2%～4%盐水药浴15min。

(十三) 车轮虫病

车轮虫有很多种类。虫体的形状从侧面看像碟子或呈毡帽状。该虫在光学显微镜下用低倍镜即可观察到。

1. 症状

该虫主要危害 3.3cm 以下的幼鱼。车轮虫寄生在头部和口周围的皮肤上、鳃、体表等部位，破坏鱼的皮肤使色素消失，也称寄生性的白头白嘴病。严重病鱼病灶部位溃烂，个别头部出现充血，开始不停浮头，以后大量死亡。该虫寄生在鳃部时，破坏鳃组织，造成鳃丝腐烂外露，最后病鱼因呼吸功能衰竭死亡。

2. 流行情况

车轮虫主要危害鱼苗、鱼种，青鱼、草鱼、鲢、鳙、罗非鱼等易得此病。该病分布极广，全国各地均有发生，尤其是面积小、池水浅、放养密度大的鱼池中更容易发生。该病以 5～8 月流行严重。

3. 防治方法

该虫寄生于鳃和体表，可直接接触传播。池小、水浅、水质不良、食料不足、放养过密、连续阴雨天气等因素，均易引起此病暴发。

(1) 除彻底清塘、合理密养外，放养前用 8mg/L 的硫酸铜浸泡鱼种 20min，进行预防。

(2) 如遇发病，可用 0.7mg/L 的硫酸铜、硫酸亚铁合剂（5∶2）全池遍洒进行控制。

(3) 20%的代森铵，0.2～0.3mg/L 全池泼洒，现用现配。

（十四）黏孢子虫病

黏孢子虫有 100 多种，主要的野鲤碘泡虫、椭圆碘泡虫、鲤单极虫、鲫单极虫和中华尾孢虫。孢子的形状和大小各不相同，用高倍镜可观察到。

1. 症状

黏孢子虫寄生在鱼类体表与鳃上时，可肉眼见到许多形状不规则、大小不等的胞囊，小的如针尖、大的似豌豆，呈白色或乳黄色瘤状颗粒。有的在病鱼的鳞片下面充满着白色的胞囊颗粒，使鳞片竖起。或是在头部形成一个脓疱。鱼寄生黏孢子虫后，鱼体消瘦，体色发黑，离群独游或狂游。

2. 流行情况

黏孢子虫对寄主无严格选择性，流行范围极广，主要危害幼鱼。寄生部位亦广，能寄生鱼体各个器官。5～7 月对鱼种危害严重。

3. 防治方法

(1) 用生石灰彻底清塘预防。

(2) 可全池遍洒晶体敌百虫 1mg/L 多次，同时将敌百虫拌饲投喂，可减轻病情。

(3) 用 0.05%高锰酸钾，充分溶解后，浸洗病鱼 20～30min。也可内服治疗，每千克饲料添加青蒿素 1～2g，每天投喂 1 次，连用 5d。

（十五）小瓜虫病

幼虫期一般为椭圆形，前端较尖；成体圆形或接近圆形，身体分布着均匀的纤毛。该虫可用显微镜观察到。

1. 症状

幼虫侵入鱼体的皮肤或鳃的表皮组织后，吸取寄主组织的营养，引起组织增生，形成肿泡，并产生大量黏液。严重感染时，皮肤和鳍上生有许多白色的小斑点，所以也称为白点病。小瓜虫的幼虫在水中经 24h 还找不到寄主即自行死亡。

2. 流行情况

小瓜虫寄生于鳃和体表，特别在密养条件下，更易发生此病。从鱼苗到成鱼都可以发生此病，引起大批死亡，但以夏花阶段和鱼种受害最大。水温 15～25℃时，此病易流行。各地都有此病发生。

3. 防治方法

（1）用生石灰彻底清塘消毒。

（2）鱼种放养前，可用 200mg/L 的冰醋酸浸浴 15min。

（3）用 3.5％食盐和 1.5％硫酸镁在水温 20℃时浸洗 15min。

（十六）毛管虫病

毛管虫病由毛管虫侵入鳃部而引起。

1. 症状

病鱼鳃丝鲜红，多黏液，被寄生处的鳃皮表组织形成凹陷的病灶。病情严重时，病鱼呼吸困难，不吃食，离群独游水面或靠近岸边，体色暗黑。

2. 流行情况

青鱼、草鱼、鲢、鳙、鲮等鱼虽都能感染，但最易生此病的是夏花草鱼。该病流行地区广，流行季节是 6～10 月份，常与车轮虫病、隐鞭虫病并发。

3. 防治方法

防治可采用 8mg/L 硫酸铜浸浴鱼种 20min，发病时用 0.7mg/L 硫酸铜、硫酸亚铁合剂（5∶2）全池遍洒，效果良好。

（十七）指环虫病

指环虫有 100 多种，各种淡水鱼都有它们的寄生。虫体头部有 4 个黑色的眼点，尾部有 2 个锚钩和 14 个边缘小钩，用以钩住寄主的鳃组织。该虫在光学显微镜下用低倍镜即可观察到。

1. 症状

指环虫大量寄生时，病鱼鳃片显著浮肿，鳃盖张开，鳃丝呈暗灰色，体色发黑，缓慢游动。由于指环虫的固着器钩住鳃组织，破坏鳃表面细胞，刺激鳃组织分泌过多的黏液，妨碍鱼的呼吸。

2. 流行情况

指环虫分布很广，在各地池塘等水域普遍存在，主要在夏季和秋季流行，对鱼苗、鱼种危害较大。

3. 防治方法

（1）全池泼洒90%晶体敌百虫治疗，用量0.7～0.8mg/L。

（2）指标池：现通常使用10%的甲苯达唑0.15g/m^3全池泼洒；用粉剂敌百虫（2.5%）1～2mg/L全池泼洒。

（3）用90%晶体敌百虫与碳酸钠合剂（1∶0.6）0.3～0.5mg/L全池泼洒。

（十八）三代虫病

三代虫病由三代虫侵入皮肤和鳃而引起。

1. 症状

病情严重的病鱼皮肤上有一层灰白色的黏液膜，皮肤失去原有光泽。病鱼黏液增多，呈现不安状态，时而狂游于水中。同时病鱼食欲减退，鱼体消瘦，呼吸困难。肉眼仔细观察可见虫体。

2. 流行情况

三代虫的分布很广，各地池塘普遍存在。鲤、鲫、草鱼、鲢常生此病，而且鱼苗和鱼种受害特别严重。水族箱养鱼和集约化养殖最易暴发此病。

3. 防治方法

该病防治方法与（十七）指环虫病相同。

（十九）复口吸虫病

复口吸虫病晚期又称为白内障病。此病是由复口吸虫的幼虫（尾蚴）进入鱼体时引起。尾蚴进入眼睛后则发育成囊蚴。

1. 症状

病鱼眼球充血或突出，甚至眼球脱落，脑部充血。后期眼球混浊，呈乳白色，即失明。

2. 流行情况

此病危害较严重的阶段是在尾蚴进入鱼体到转移至眼睛前的时期，对小鱼种危害特别严重。此病分布很广，在水鸟多的地区较普遍，长江流域、黑龙江及辽河流域都有发现。鲢、鳙发病最多，草鱼次之。流行季节为春末和夏季。

3. 防治方法

（1）用0.7mg/L的硫酸铜全池泼洒。24h以后再用一次。

（2）用石灰或茶籽饼清塘，消灭虫卵、毛蚴和中间宿主椎实螺。

（二十）毛细线虫病

毛细线虫病由一种毛细线虫侵入肠道引起。

1. 症状

毛细线虫寄生在鱼消化道里，头部钻进肠壁黏膜层，引起组织发炎、溃烂，致使其他细菌侵入。病鱼体瘦，发黑，发育缓慢。

2. 流行情况

毛细线虫分布较广，寄生在青鱼、草鱼、鲢、鳙、鲮及黄鳝的肠内。对幼鱼危害很大。

3. 防治方法

（1）彻底清塘，杀灭虫卵以预防。

（2）按鱼每千克体重用0.1～0.15g晶体敌百虫拌入30g豆饼粉中，做成粒状药饵投喂，连续6d，可杀死肠内毛线虫。内服用10%的阿苯达唑，每千克体重用5g，制成药饵，每天一次，连用3d。

（3）兽用敌百虫（0.5g/片）：用水浸泡碾碎后与饲料混合使成1/1000浓度，投喂6～7d。

（二十一）锚头鳋病

锚头鳋病又称为针虫病、铁锚虫病，是由锚头鳋侵入鱼体引起的。其头上有背、腹两对角，呈铁锚状，深深地钻进寄主皮肤、眼和口腔中。该虫肉眼可识别。

1. 症状

虫体钻入的部位，周围组织发炎红肿，形成红斑，水霉菌往往侵入伤口。病鱼急躁不安，食欲减退，鱼体消瘦，缓慢游动，很快死亡。

2. 流行情况

该虫可侵入鲤、鲢、鳙、草鱼的体表，对幼鱼危害更为严重，可引起大量死亡。该病流行地区广，全国各地均有发生，一年四季都可发病。

3. 防治方法

（1）全池泼洒晶体敌百虫治疗，用药浓度0.3～0.5mg/L，2周1次，连续2次。

（2）高锰酸钾药浴治疗：水温15～20℃时，用10～20mg/L浓度浸洗1.5～2h；水温

21～30℃时，用10mg/L浓度浸洗1.5～2h。

(3) 外用药：①4.5%溴氢菊酯按0.02mg/L全池泼洒，隔天再用一次；②1%阿维菌素按0.05mg/L全池泼洒，隔天再用一次。

(4) 水深1m，每亩水面用松树叶10～15kg，捣碎后全池投放。

（二十二）中华鳋病

中华鳋病又称为鳋蛆病。此病是由中华鳋寄生而引起的，寄生于草鱼的为大中华鳋，寄生于鲢、鳙的为鲢中华鳋。

1. 症状

翻开鳃盖，肉眼可见鳃丝末端挂着像白色蝇蛆一样的小虫。病情严重的病鱼显得不安，在水中跳跃，食欲减退，呼吸困难，离群独游，不久就会死去。

2. 流行情况

该病全国各地都有发生，流行季节为6～10月。中华鳋常寄生于草鱼、鲢、鳙身上。

3. 防治方法

(1) 根据病原体对寄主的选择性，可采用隔年轮养方法预防。

(2) 全池泼洒90%晶体敌百虫和硫酸亚铁合剂（比例5∶2），浓度0.25mg/L。

(3) 全池泼洒敌百虫（2.5%粉剂）治疗，用药浓度20mg/L。

(4) 全池泼洒90%晶体敌百虫治疗，用药浓度0.5mg/L。

(5) 用20mg/L的高锰酸钾溶液药浴5～10min治疗。

(6) 用250mg/L的福尔马林溶液药浴1h治疗。

（二十三）鲺病

鲺病又称为鱼虱病。最常见的是日本鲺，寄生于草鱼、青鱼、鲢、鳙、鲤、鲫、鳊等体表和鳃上。活鲺身体透明，外形似臭虫。

1. 症状

鲺寄生在鱼体表和鳃上，虫体大的似黄豆大小，小的有米粒大小。因鲺吸鱼血，使鱼体逐渐瘦弱，同时分泌毒液，刺激鱼体，病鱼极度不安，急剧狂游或跳跃。同时体表还可见到被鲺撕破的创伤。

2. 流行情况

鲺分布很广，各地均有发生。它主要危害10cm以下的各种鱼种，一年四季都可以发生，但以4～8月份对鱼危害严重。

3. 防治方法

(1) 全池泼洒晶体敌百虫治疗，用药浓度0.3～0.5mg/L，2周1次，连续2次。

(2) 高锰酸钾药浴治疗：水温15～20℃时，用10～20mg/L浓度浸洗1.5～2h；水温

21～30℃时，用10mg/L浓度浸洗1.5～2h。

(3) 水深1m，每亩水面用松树叶10～15kg，捣碎后全池泼洒。

（二十四）钩介幼虫病

钩介幼虫寄生在鱼的鳃、口、鳍及皮肤上而引起该病。

1. 症状

被寄生的部位因受刺激引起周围组织发炎、增生，逐渐将幼虫包在里面，形成包囊。如寄生在较大的鱼体，影响不大；如寄生在鱼苗或夏花鱼种上，则影响摄食或妨碍呼吸，导致饿死或窒息而死。

2. 流行情况

该病流行于春末和夏初，每年在鱼苗和夏花饲养期间，正是钩介幼虫离开母体，悬浮于水中的时候，故在这个时期常发生此病。钩介幼虫对各种鱼均能寄生。

3. 防治方法

(1) 发现病情后，立即将鱼转移到没有河蚌的池中饲养。

(2) 鱼苗及夏花培养池内绝不能混养蚌，进水需要过滤，以免钩介幼虫随水进入鱼池。

（二十五）气泡病

气泡病一般是因为鱼池中施过多未经发酵的肥料，生肥在池底发酵分解，消耗水中大量氧气，并放出甲烷和硫化氢小气泡，鱼苗误当食物吞下引起的。其次是因为水生植物旺盛的光合作用，可引起溶氧过饱和。当气泡饱和度达到150%以上时候，就引起气泡病。另外水中含氮量过饱和，也可以引起气泡病。

1. 症状

病鱼肠道中有许多白色气泡，或鱼的体表、鳍条、鳃丝上有较多的气泡，鱼体浮于水面，如不急救，就会引起死亡。

2. 流行情况

该病发生在春末和夏初，对鱼苗的危害较大，能引起大批死亡。

3. 防治方法

(1) 发生气泡病时大量补充新鲜淡水，能快速减轻气泡病的症状；但是，连续晴天后气泡病还会发生。

(2) 泼洒黄泥浆，以降低水体透明度，降低光合作用。

(3) 使用表面活性剂，降低水体表面张力，使水中的氧气快速释放到空气中。

(4) 晴天中午多开增氧机，达到曝气的目的。

(5) 在培苗阶段多使用EM菌等菌制剂。

(二十六）跑马病

在鱼苗下塘后，阴雨连绵，水温较低，池水不肥，浮游生物很少，鱼苗没有可口的饵料引起跑马病。

1. 症状

发病鱼苗围绕池塘边成群狂游，长时间不停，因此消耗体力，造成鱼体消瘦，促使鱼苗大批死亡。

2. 流行情况

该病主要发生在鱼苗到夏花阶段，多见于草鱼、青鱼较大鱼种。

3. 防治方法

(1) 要定时、定位投饵，而且饵料充足，营养成分齐全。
(2) 将鱼苗转移到饵料丰富的鱼池内，放养密度不要过大，使水中经常有浮游生物存在，避免抢食、弱者挨饿。
(3) 发病后，每万尾鱼苗或鱼种，用0.5～1kg炒熟麦麸加0.8kg左右的豆饼，磨浆后沿池边投喂。
(4) 如果发生该病，可用芦席等隔断种群路线，并投放饲料诱鱼摄食。

(二十七）青泥苔

青泥苔是几种常见的丝状藻类的统称，包括水网藻、水绵、双星藻及转板藻等种类。

1. 症状及流行情况

藻类喜欢在池塘浅水处生长。早期附在水底，颜色深绿，长成一缕缕细丝，像网一样悬浮于池水中；衰老时又像棉絮，一团团地漂浮于水面。一旦鱼苗或夏花游进去，就被缠住，很难逃脱。另外，青泥苔在水中繁殖，大量消耗水中的养料，使池水变瘦，影响鱼苗生长。

2. 消灭方法

(1) 每亩水面用草木灰50kg，撒在青泥苔上，再将池水加深33cm，能杀灭青泥苔。
(2) 用0.7mg/L硫酸铜全池泼洒，能杀灭青泥苔。如果一次杀灭不彻底，可在24h后，全池再泼洒一次。

(二十八）湖靛

湖靛是微囊藻大量繁殖引起的一种灾害。

1. 症状及流行情况

微囊藻呈翠绿色，在夏季，鱼池中有一层绿色植物漂在水面上。微囊藻含蛋白质很高，但其外面有一层胶质膜，鱼吃进去后不消化；并且微囊藻在水中腐烂能产生有毒气体，使鱼中毒死亡。

2. 消灭方法

用0.7mg/L的硫酸铜全池泼洒，可以杀死微囊藻。

经验介绍一 ▶▶ 春末夏初防鱼病措施

(1) 定期（7～10d）全池泼洒生石灰，使池水呈15～20mg/L浓度；或每15d每立方米水体泼洒0.2～0.3g二氧化氯消毒池水，抑制水体中的霉菌生长；或每10d每立方米水体泼洒0.2～0.3g二溴海因消毒池水。

(2) 定期用中草药浸塘

① 水深1m，每亩水面用1kg食盐和3kg鲜菖蒲汁化开后全池泼洒，用以预防水霉病。

② 水深1m，每亩水面用苦楝树叶、果实30～40kg，扎成小捆，分别浸泡在塘的四周。同时，每立方米用0.75g鲜辣椒，放在锅内煮烂后，全池泼洒。泼洒前加50～100g的白酒，每天1次，连用3d，预防小瓜虫病。

经验介绍二 ▶▶ 选择渔药应注意的事项

(1) 应掌握《中华人民共和国兽药典》《兽药质量标准》《兽用生物制品质量标准》《进口兽药质量标准》《兽药管理条例》及国家有关部门批准使用的渔药和药物饲料添加剂的相关知识。

(2) 渔药的采购应到持有国家经营许可证的渔（兽）药经营单位购买。

(3) 养殖者应根据病原和渔药说明书来选用渔药及饲料添加剂。

(4) 所选用的药物及饲料添加剂应符合《饲料和饲料添加剂管理条例》的规定，不得选用国家禁止使用的药物或添加剂，也不得长期贮存添加抗菌药物的饲料。

(5) 在选用渔药前应在专业技术人员的指导下，首先对疾病进行诊断，然后从药物、病原、环境、养殖动物本身和人类健康等方面考虑，准确选用渔药。在选择渔药的同时，还应认真考虑到渔药的有效性、安全性、方便性和经济实效。

经验介绍三 ▶▶ 夏季防治鱼浮头

(1) 高温季节，经常换水，一般每5～7d换水一次，每次换水量5cm左右，换水时间最好限定在14:00～15:00，平常保持池水25cm左右的透明度。阴雨天气，及时开动增氧机。

(2) 控制施肥量和施肥次数，尤其是要减少人畜粪肥、青绿饲料的投放，防止有机质分解导致耗氧过多。经常使用明矾、水质改良剂等进行水质改良，避免“水华”和水质败坏，为鱼类生长提供良好的环境条件。

(3) 池塘消毒和杀虫十分重要，可以预防各种疾病引起的浮头。消毒可选用漂白粉、优氯净、强氯精等药物，每月2～3次；杀虫可选用敌百虫或硫酸铜、硫酸亚铁合剂（5∶2），每月1～2次。

复习思考题

1. 鱼病发生的环境因素有哪些?
2. 鱼病发生的人为因素有哪些?
3. 鱼病的诊断方法有哪些?
4. 常见鱼病的种类和防治措施有哪些?

常见商品鱼养殖技术

关键技术1 革胡子鲶的养殖

革胡子鲶又称为埃及胡子鲶，属于亚热带鱼类，具有个体大、生长快、产量高、食性广、抗病力强、性情温驯的优点，营底栖生活，最适生长温度为25～30℃，有珊瑚状鳃上器官辅助呼吸。革胡子鲶耐低氧，有很强的环境适应能力，生长速度极快，是一种很好的养殖品种。

一、生物学特性

（一）生活习性

革胡子鲶属于底栖性鱼类，白天饱食后喜欢聚集在池底、洞穴和阴暗处，夜间四处活动和觅食，耐氧力极强。穿越逃逸能力也较强。由于它是亚热带鱼类，耐低温能力差，水温处于8～10℃时，会造成冻伤，感染水霉病；低于7℃时会导致死亡。因此在人工越冬期间，水温保持在14℃以上。它在化学耗氧量0.8mg/L的水体和pH4.8的不良环境中仍能正常生活，但长期生存在恶劣的环境中，可能导致多种鱼病的发生。

（二）食性

革胡子鲶是以动物性饵料为主的杂食性鱼类，其食量大，日食量为自身体重的6%～10%，最大可达15%；如投饲过量，偶尔也会产生饱胀而死的现象。该品种耐饥饿能力也比较强，种鱼或亲鱼在人工越冬期间，4～5个月不投饲也不会死亡。当水温达到15℃以上时开始正常投喂，温度在20～34℃时摄食旺盛，此时生长速度最快。

革胡子鲶在天然水域摄食轮虫、水蚤、枝角类、桡足类等，也采食水中的有机碎屑、蠕虫、水生昆虫等。成鱼主要摄食有机碎屑、蠕虫、水生昆虫、底栖动物、小鱼、小虾及动物尸体、植物的嫩茎等。在人工饲养条件下，可投喂畜禽的内脏、鱼粉、蚕蛹、蚯蚓、蝇蛆等动物性饵料，也可投喂米糠、花生饼、麦麸、豆饼和玉米粉等植物性饲料。

二、池塘建设

池塘要求水源充足、无工业废水污染、灌排水方便。池塘面积小些为好，一般为200～1000m^2。土地、水泥地均可，但土池的壁一定要垂直向下，不能有缓坡。水深保持在1～1.5m，为便于换水和成鱼捕捞，池底要略向排水口倾斜。池埂应夯压结实，不漏水。池壁需要留有30cm的防逃高度，并设置排水口、进水口和拦鱼栅。池角四周种些水生植物，作为鱼类的隐蔽物。

三、鱼苗放养

在放苗前15d用生石灰25～50kg/亩清塘，7～8d后向池中施放粪肥，用量400～500kg/亩，培养适口的浮游生物，使鱼苗下塘后即有部分适口饵料。鱼苗投放8～10cm的大规格鱼种，投放2500尾/亩左右，条件差的鱼池放养密度可酌情减少。

四、饲养管理

每天所喂的饲料占鱼体总重的8%～10%，摄食旺盛季节可占15%，投喂的饲料以5～10h基本吃完为宜。饲料投喂要搭食台，做到定点、定时、定质、定量。每天投2次，下午多投。投放的饲料品种有动物性饲料，如小鱼、小虾、食品厂加工的下脚料、蚬、蚌、螺、蚕蛹、蚯蚓、死猪、死鸡、鱼粉、骨粉、鲜猪血粉等；植物性饲料，如饼类、麸皮、米糠、碎米、剩饭菜等；也可用人工配合饲料。为了降低饲料成本，可专一培育蝇蛆、蚯蚓喂鱼。

五、常见病害防治

革胡子鲶具有较强的抗病能力，一般很少发病。在池塘养殖条件下，主要发生以下疾病。

1. 疖疮病

(1) 症状　病鱼背部肌肉及组织出现溃疡、脓疮，疮内有脓汁和细菌，感染部位附近肌肉发炎、充血。

(2) 防治方法　可用漂白粉配成浓度为1mg/L溶液，全池均匀遍洒。

2. 黑体病

(1) 症状　鱼体消瘦、发黑，病鱼食欲废绝，严重时鱼体常头部向上，垂直于水表面，直至死亡。胸鳍内侧有一圆形红色血斑，头、背部和吻部有时可发现绒毛状的斑块。

此病多发生在鱼苗阶段，尤其是3～5cm的鱼最常见，多在4～9月份流行，高密度养殖更易发病。当饲料不足、水质受污染时鱼最易发病，也可引起大批死亡。

(2) 防治方法　用1mg/L漂白粉撒入池中，施药后换水，再用药1次；并注意投喂鲜活饵料，保持水质清新，避免污染。

3. 寄生虫病

(1) 症状　寄生虫病主要是由于在鱼的体表、鳍条、鳃丝上寄生车轮虫、三代虫等所引起的。该病易造成鱼体消瘦，摄食减少或停止，体色变黑，常在池中离群打转，不久便会死亡。

（2）防治方法 车轮虫病可用0.5mg/kg硫酸铜加0.2mg/kg硫酸亚铁溶液全池泼洒，也可用3%的食盐水浸洗病鱼5min或2%的食盐水浸洗15min。三代虫病可用90%的晶体敌百虫溶液全池泼洒，浓度为0.5mg/kg；也可用10mg/kg的高锰酸钾溶液浸洗病鱼30min，换去池水后再放入鱼池。

4. 水霉病

（1）症状 患病初期，病鱼体表黏液增多，形成一层白翳。患病后期，菌丝深入体表皮肤，呈灰白色，柔软似旧棉絮，寄生部位有充血和腐烂现象。

（2）防治方法 可用强氯精、溴氯海因等药物进行水体消毒。发病时，每亩用8%二氯化氢200g与鱼血停250g混合药剂，全池泼洒，连续2～3d。

5. 肠炎病

（1）症状 病鱼消瘦发黑，腹部膨胀，轻压腹部，有淡黄色黏液从肛门流出，有“蛀鳍”现象。剖开鱼腹，可见腹腔积水，肠壁充血发炎，肠内有淡黄色液体或血性脓液。病鱼垂直浮于水面，不久死亡。

（2）防治方法 严格依照“四看、四定”原则，是预防此病关键。发病时，每亩可用8%二氯化氢15～200g或24%溴氯海因100～150g，全池泼洒，每天1次，连用2～3d。

经验介绍 ▶▶北方养殖革胡子鲶的越冬方法

因为自然环境下，革胡子鲶生存所需温度较高，所以越冬问题一直是影响北方地区革胡子鲶规模发展的首要问题。在此，介绍几个适合北方越冬的方法。

1. 塑料大棚增温越冬

建设类似蔬菜大棚的养鱼设施，规模因地制宜。一般多采用双层塑料膜，外加1～2层可调节草苫的方式，中间立柱结合越冬池埂设定，用可调控水的水泥池最好。水温的调节，白天拉开草苫，充分利用太阳光能；夜晚放下草苫进行保温。此外，可在大棚附近，设立简易存水设施，利用太阳光照提升水温，此水可作换水之用。在寒冬季节，要适当增加小型锅炉或者土暖气以调控温度，使越冬水温达到13℃以上，若在7℃以下，则易造成革胡子鲶的死亡。该法简单易行，但水温较难保持恒定，此外越冬费用较高。

2. 温水越冬

利用电厂余热、煤矿、温泉等具备热源、热水的地方，建立较大型的集养殖、繁殖与越冬为一体的综合场地，很好地解决了北方革胡子鲶越冬难题。此类越冬池塘多采取单个15～50m^2的高标准水泥池，采取全封闭调温越冬方式，也有的采取较大面积的土池。由于有外来热源保证，冬季不耽误生长，所以每年秋后冬初，可将较小的鱼种（一般每千克600～7000尾）放入池中进行工厂化越冬养殖，至次年春出池入塘，一般鱼种个体重可达30g以上。该法经济实用，是培养大规格鱼种、进行规模化养殖的好办法。

3. 家庭简易越冬

革胡子鲶小型养殖者，有的采用家庭土法简易越冬，也取得较好效果。其办法是利用家中闲置或空余空间，因地制宜，建立小型暂养设施，方式各种各样：有的建造大小不一的水泥池；有的外用框架（木框、砖框、钢筋架等），内衬帆布或双层塑料薄膜；有的干脆使用现成的大缸、大桶等。外加土暖气、煤炉、火炕、增温棒等手段，利用革胡子鲶耐饥饿的特性，在长达百余天的越冬季节里，采取不投喂或者少投喂的喂养方式，减少换水次数和数量，也取得了很好的越冬效果。该法优点是简单节约，缺点是越冬成活率较低，越冬后鱼体较瘦，恢复期较长。

复习思考题

1. 革胡子鲶的生活习性有哪些？
2. 革胡子鲶的食性有哪些？
3. 怎样进行革胡子鲶的疾病防治？

关键技术 2 泥鳅的养殖

泥鳅又名鳅鱼，在动物分类上属鱼纲、鲤形目、鲤亚目、鳅科、泥鳅属。泥鳅肉质细嫩、味道鲜美、营养丰富、市场价值高，素有“水中人参”之称，随着人们生活水平的提高，人们对泥鳅的需求量越来越大。池塘养殖泥鳅是目前比较普遍的养殖方式。

一、生物学特性

（一）生活习性

泥鳅属底层温水性鱼类，栖息在河川、稻田、沟渠的底层，在水温过高或过低时潜入泥中，天气剧变或发病时浮上水面。

泥鳅有特殊的呼吸功能，除了用鳃和皮肤呼吸外，还可以用肠呼吸。其肠壁薄，密布血管，当水中缺氧时，会游到水面直接吞进空气，在肠内进行气体交换，然后从肛门排出废气，因而它对恶劣环境的适应性很强。

泥鳅具有很强的逃跑能力。在清明前后，水温 15℃以下时，泥鳅一般不会逃跑。在水温上升、雨水较多的霉雨季节，泥鳅最易逃跑，特别是在晚上，只要有一个细小的漏水孔，就可能全池泥鳅逃空。

（二）食性

泥鳅食性很杂。幼体阶段体长 5cm 以下时，主要摄食动物性饲料，如轮虫、枝角类、桡足类等浮游动物。体长 5～8cm 时，由摄食动物性饲料转变为杂食性饲料，主要摄食甲壳类、摇蚊幼虫、丝蚯蚓、蚬子、幼螺、水生昆虫等底栖无脊椎动物，同时摄食丝状藻、硅藻、植物的碎片及种子等。

泥鳅的适温范围为15～30℃，25～27℃为最适水温，此时摄食量最大、生长最快。水温下降到15℃以下或上升到30℃以上，泥鳅食欲减退，生长缓慢。水温下降到6℃以下或上升到34℃以上，泥鳅进入不食不动的休眠状态。泥鳅多在晚上摄食，在人工养殖时，经过训练也可改为白天摄食。

二、饲养池塘建造

泥鳅池塘要做到水源充足，水质清新，无污染，进、排水方便。底质土为中性或微酸性黏质土壤。成鳅养殖池的面积以100～300m^2为宜，池的四周必须高出水面40cm，围栏材料最好是水泥板、砖块、硬塑料板等；也可用纱窗布沿池塘的四周围栏，窗纱下埋至硬土中，上高出水面35～40cm。养殖池深度100～120cm，淤泥厚度15～20cm。水深保持在30～50cm。进水口高出水面20cm，排水口设在池塘正常水平面相平处，排水底口设置在池底鱼溜底部（进、排水口要用密网布包裹以防止泥鳅逃跑）。鱼溜即池底的集鱼坑，比池底深30～35cm，面积约为池底的5%。其外沿由木板围成或用水泥、砖石砌成。设置鱼溜的目的，主要是为了泥鳅养成后捕捞方便。

在池塘中放养水葫芦、水花生等漂浮性水生植物，占池面10%左右，起到遮阳、吸收多余养分的作用，并吸引昆虫为泥鳅活饵料。水生植物的鲜嫩茎叶也可被泥鳅自由摄食。

三、清池消毒与苗种放养

养殖泥鳅的水域先用生石灰、漂白粉等进行清整消毒，清除野杂鱼和敌害。晒到塘底有裂缝后在塘周挖小坑，鳅种放养前15d用生石灰清池消毒。将块状生石灰浇水化灰并趁热泼洒，用量一般为每亩水体用生石灰50kg左右。7d后加注新水，蓄水深度20～30cm，在鳅池向阳一侧堆施基肥，施肥量为30～40kg/亩，再把池水加深到40～50cm，几天后即可放鳅种。

鳅种选择晴天中午放养，放养前用3%的食盐水浸浴消毒10min，每平方米放养密度50～60尾，体长3～4cm。放养密度可根据鳅种规格大小适当调整，也要根据水质调整，有微水流条件的可增加放养量，条件差的适当减量。

四、食性与饲料

泥鳅食性杂，水中的小动物、植物、微生物及有机碎屑都是它喜欢的食物，鱼粉、血粉、动物内脏、野杂鱼、虾蟹肉、螺蚌肉、蚯蚓、蚕蛹粉、黄粉虫和谷物、米糠、豆渣、豆饼、菜饼、麦饼、酒糟、酱糟、豆腐渣、蔬菜叶等都是泥鳅适口的饵料。但是，在人工养殖条件下，动物性饵料不宜单独投喂，最好是动物、植物性饵料搭配投喂。否则，容易使泥鳅贪吃不消化，肠呼吸不正常，“胀气”而死亡。

为达到预期产量，应准备充足的饵料，进行规模化养殖时这点更为重要。

投喂应坚持“四定”和“四看”的原则，即定时、定点、定质、定位和看水质、看天气、看季节、看鳅摄食情况。水温适宜时每天早、中、晚各投喂一次；水温较低时每天上午、下午各投喂一次，即上午9点、下午4点。投喂量应该根据泥鳅的体重和季节来定。一般情况下，3月投喂量应占体重的1%～2%，4～6月为3%～5%；7～8月为10%～15%，9月为4%。

应注意饵料质量，做到适口、新鲜，配合饲料应做成团状，投放在距离池底 10～15cm 建成的食物台上。不同水温条件下植物性饵料和动物性饵料投喂比例见表 2-1。

表 2-1 不同水温条件下植物性饵料和动物性饵料投喂比例

水温/℃	植物性饵料/%	动物性饵料/%
≤10	—	—
11～20	60～70	30～40
21～23	50	50
24～29	30～40	60～70
≥30	—	—

五、追肥与水质管理

追肥可以促使水中的浮游生物繁殖，弥补人工饵料营养不全和摄食不均匀的缺点，一方面增加泥鳅免疫力，另一方面可以减少饵料成本。所以，鳅种下塘后，要根据水质肥瘦及时追肥，一般每隔 30～40d 追肥一次，使水体始终处于“肥、活、嫩、爽”状态。池水透明度在 30～40cm，水色为黄绿色。追肥可以在池塘四周堆放发酵腐熟的有机肥或泼洒粪肥。

追肥后要注意水质变化，及时更换新水，并增加水的深度，以降低水温、防治浮头。发现泥鳅游到水面用口吞咽空气，击掌发出声响也不下沉时，表明水中缺氧，应停止施肥，立即注入新水。

一般 7d 换水 1～2 次，每次换水 20～30cm，在气压低、阴雨天或天气闷热时，要及时换水。

六、日常管理

日常管理包括巡塘查水质、看水色，观察泥鳅活动和摄食情况。另外，泥鳅逃逸能力很强，平时注意检查防逃设施是否完善，塘埂有无渗漏，尤其在雨天更要注意防逃管理。

具体措施如下：①调节水质，要保持池塘水质“肥、活、嫩、爽”，水色以黄绿色为佳，每星期换水 1～2 次，坚持每天巡塘 3 次，注意池水的水色变化和泥鳅活动情况。②定期投喂预防鱼病药物，勤打扫饲料台并经常消毒，发现病害及时治疗。③对进、排水口和塘埂要经常检查，发现漏洞及时修复。④在天气闷热、气压低、下雷阵雨或连阴雨时，应注意观察成鳅是否浮头，若浮头严重，应及时冲注新水。

泥鳅一般在秋末、冬初捕捞，也可根据市场需求灵活掌握，泥鳅体重达到 10g 以上就可以上市。泥鳅捕捞后要暂养 2～3d，排除体内粪便和食物。

七、常见病害防治

1. 水霉病

（1）症状　该病由水霉、腐霉等真菌感染所致。此病大多因鳅体受伤，霉菌孢子在伤口繁殖并侵入机体组织所致，肉眼可见发病处长有白色或灰白色棉絮状物。

（2）防治方法　捕捉、运输泥鳅时，尽量避免机械损伤；对鳅卵防治时，每立方米水放食盐 400g 加小苏打 400g 的溶液洗浴 1h。病鳅可用 3%的食盐水浸洗 5～10min。

2. 赤鳍病

(1) 症状 该病由短杆菌感染所致。病鳅腹部、皮肤及肛门周围充血、溃烂，尾鳍、胸鳍发红腐烂。

(2) 防治方法 用 1mg/L 浓度的漂白粉溶液全池泼洒；或用 10mg/L 的四环素溶液浸洗 12h。

3. 打印病

(1) 症状 该病由嗜水气单胞菌寄生所致。病鳅病灶浮肿、红色，呈椭圆形、圆形，患处主要在尾柄两侧，似打上印章。

(2) 防治方法 治疗可用 1mg/L 的漂白粉溶液或 2～4mg/L 的五倍子溶液进行全池泼洒。

4. 发烧病

(1) 症状 由于放养密度过大，泥鳅体内分泌出的黏液在池内聚积发酵，释放热量使水温升高，溶氧量减少。在这种环境中，泥鳅焦躁不安，互相纠缠而大量死亡。

(2) 防治方法 减少放养密度，发现病鳅立即更换池水或补充新鲜凉水，或用 0.5mg/L 的硫酸铜全池泼洒。

5. 寄生虫病

(1) 症状 该病主要由车轮虫、舌杯虫和三代虫等寄生虫所致。病鳅身体瘦弱，常浮于水面，急促不安；或在水面打转，体表黏液增多，食欲减退。

(2) 防治方法 用 0.7mg/L 的硫酸铜、硫酸亚铁合剂（5：2）全池泼洒，可防治车轮虫病和舌杯虫病；或用 0.5mg/L 的 90%晶体敌百虫全池遍洒，可防治三代虫病。

经验介绍一 ▶▶ 稻田养泥鳅要点

在稻田放养泥鳅，可以利用田中蚯蚓、摇蚊幼虫、水蚤和杂草等天然饵料生物，投喂少量的饲料，就可获得较好的经济效益。因为泥鳅生命力强，即使在稻田放水晒田时，也能钻进湿泥里利用肠道和皮肤呼吸来维持其生命，所以泥鳅是稻田养殖较理想的对象之一。稻田建设与养其他鱼类一样，在田中挖掘一个或几个鱼溜，面积 2～3m^2，深约 50cm，鱼溜与鱼沟相通，鱼沟开成“田”字或“井”字形。进、出水口都要设置拦鱼设施防逃。每亩稻田放养体长 3cm 左右的鳅苗 1.5 万～2 万尾，注意避免使用石灰和农药，适当投饵和施肥。秋季收稻谷后起捕，或灌水继续养殖，于翌年开春耕田时再捕捞上市。一般每亩稻田可收获泥鳅 30～50kg。

经验介绍二 ▶▶ 家庭养泥鳅要点

家庭养泥鳅即利用房前屋后或菜园坑洞和蓄水池进行泥鳅饲养。一般可按每亩投入长 3～4cm 的嫩苗 4000～5000 尾放养，也可与黄鳝、鲤放在一起混养。平时注意投饲和施肥，如剩饭菜、畜禽粪、菜叶等，饲料要植物性与动物性配合使用。同时控制好水质，当发现泥鳅蹿出水面“吞气”时，表明水体中缺氧，应停止施肥，并更换新水。泥鳅个体长到15～20cm时即可捕获上市。经8～10个月的饲养，每亩可产泥鳅达100kg以上。

复习思考题

1. 如何根据泥鳅的生活习性进行人工养殖？
2. 怎样做好泥鳅常见疾病的防治？
3. 泥鳅池塘如何安装防逃设施？

关键技术3 虹鳟的养殖技术

虹鳟属鲑科鱼类，善于跳跃，上钩后激烈拼搏，已从北美西部引入很多国家。其栖于湖泊和急流，体色鲜艳，体上布有小黑斑。该鱼体侧有一红色带，如同彩虹，因此得名“虹鳟”。

一、生物学特性

（一）生活习性

1. 水温

虹鳟是冷水性鱼类，要求生长在水质澄清、具沙砾底质、氧气充足的流水中，其生活水温为5～24℃，适宜水温为7～18℃，最适宜的生长水温为13～18℃。

在适宜水温条件范围内，虹鳟摄食旺盛、生长迅速，机体能保持良好的新陈代谢状态。当生活环境水温低于7℃或高于20℃时，虹鳟摄食停止，机体衰竭以至死亡。在天然水域中，如水量充沛、溶氧量充足，虹鳟可忍受24℃以上的水温；而在养殖场条件下，水温22℃左右即有致死的危险。

2. 水体流速

虹鳟是性喜逆流和喜氧的鱼类，水流的刺激不仅可加速体内物质代谢，而且能把排泄物带走，应不断供给清新而富含氧的水流，以满足其对氧的需求。虹鳟生活水体的适宜流速为2～3cm/s。

3. 溶氧量

虹鳟对水中的溶氧量一般要求在5mg/L以上。要使虹鳟生长良好，水中溶氧量最好在6mg/L以上；9mg/L以上时，虹鳟食欲旺盛、生长快速。当水中溶氧量低于5mg/L时，虹鳟呼吸频率加快，呼吸困难；低于4.3mg/L时，虹鳟密集于注水部，持续很长时间，鱼头顶部呈现黄色，鳃盖外张，此即虹鳟“浮头”，同时出现死亡；低于3mg/L，虹鳟出现窒息而大批死亡，该值为夏季虹鳟的致死浓度。

4. 水质指标

虹鳟喜清净而透明的水，水中悬浮物落于鳃上能导致呼吸困难，严重时以致窒息。虹鳟在混浊水中摄食停止，生长受阻，以致死亡。幼鱼对混浊水体尤为敏感，暴雨和洪水期的浊水能引起稚鱼和幼鱼死亡增多。除温度和氧气外，虹鳟对水质指标有一定要求。虹鳟生存于pH5.5～9.2的水中，最适pH为6.5～6.9。虹鳟对盐度的适应能力随个体的增长而增强，稚鱼能在0.5%～0.8%盐度的水中生长；当年鱼能在1.2%～1.4%盐度的水中生长；通常体重在35g以上个体经半咸水过渡，即可适应海水生活。

（二）食性

虹鳟属肉食性鱼类，以陆生和水生昆虫、甲壳虫类、贝类、小鱼、鱼卵为食，也吃食水生植物的叶和种子。幼鱼以浮游动物、底栖动物为主食，如枝角类和毛翅目、鞘翅目、蜻蜓目水生昆虫等。虹鳟周年摄食，甚至产卵期亦照常捕食。在饲养条件下，虹鳟能很好地摄食人工配合饲料。虹鳟摄食量常随水温、溶氧量等生态条件的变化而增减。

虹鳟的生长因水温、环境条件、给饵量而有很大的差异。在生态条件适宜的情况下，虹鳟一年四季都生长。在14℃水温条件下，虹鳟通常满一年体重可达100～200g，满两年体重可达400～1000g，满三年体重可达1000～2000g。在9℃水温条件下，虹鳟满一年体重可达40～50g，满两年体重可达200～300g，满三年可达800～1000g。虹鳟寿命一般为8～11年。

二、养殖场建设

虹鳟养殖一般采取流水高密度饲养法，因此水流量大小就限定了养殖水面的规模。一般情况下，建设600m^2养殖水面，每秒注水量为100L才能保证水的交换量。

凡常年水温保持在7～20℃、溶氧量在5mg/L以上、pH在6.5～8、水质清新的地方均可修建虹鳟鱼场。

一般鱼苗池面积10～30m^2，鱼种池面积30～50m^2，成鱼养殖池面积100m^2左右。长、宽比以6∶1～7.5∶1为宜。水流畅通，保证水体充分交换更新，不留死角。每个养殖池建进、排水口和排污口各一个。安装拦鱼栅，网目大小根据鱼体大小确定，以不影响水流量且不逃鱼为宜。养殖池底部有一定坡度，进水口高于养殖水面。水泥养殖池的内壁、池底用水泥抹光滑。新建的水泥养殖池用水浸泡30d左右，并消毒处理后方可使用。

三、成鱼的养殖

在条件允许的情况下放养量同生产量成正比，放养量根据鱼种规格、计划产量、成鱼计划上市规格、成活率、增肉倍数、水源条件、水温、饵料和养殖技术确定。当鱼种规格50～100g，放养量为150～200尾/m^2；鱼种规格100～150g，放养量为100～150尾/m^2。成鱼养殖水深60～80cm，日投饵2～3次，日投饵率不超过3%。饲料的直径大小为4～8mm。

四、饲料

虹鳟养殖投喂配合颗粒饲料，不同的养殖阶段，饲料中粗蛋白质的含量以及饲料中动物性蛋白质成分含量要求不同。

（1）苗种培育阶段　饲料中粗蛋白质的含量45%～50%以上，鱼粉等动物性蛋白质成分要求较高，不少于60%。

（2）成鱼养殖阶段　饲料中粗蛋白质含量不小于40%，可增加饲料中植物性蛋白的比例，鱼粉等动物性蛋白质含量40%左右。要求饲料无霉变、无变质，饲料颗粒大小根据鱼体大小确定，以适口为宜。

投饵时间一般安排在早晨8点左右、下午5～6点的时间内进行。坚持看质、看气候、看天气、看鱼的活动情况“四看”和定质、定量、定时、定位“四定”原则，按需投喂，以吃八成饱为好。用手撒投喂饵料应先慢后快再慢，先中间后两边，所投饵料抛洒面要大而均匀。

五、常见病害防治

1. 细菌性鳃病

（1）症状　病鱼食欲不振，游泳缓慢或离群独游，发病初期，鳃部出血，黏液过多，鳃丝肿胀。严重时菌体覆盖整个鳃表面，鳃盖不能完全闭合。鳃细胞死亡，溃烂。仔鱼期易发生本病，体重3g左右时易发病。

（2）防治　1mg/L的呋喃唑酮洗浴1h，或1mg/L孔雀石绿洗浴1h；每千克体重用氯霉素或四环素50mg制成药饵，投喂5～7d。

2. 传染性胰坏死病（IPN）

（1）症状　病鱼体色发黑，腹部膨胀，眼球突出，鳍呈白色，鳃丝淡红，肠道无食且充满白色黏液，肝灰白或充血。鱼旋转狂奔，上下窜动，幽门垂出现凝血块。水温在13～15℃时易发病。本病分急性和慢性两种，开食2月龄的苗种常引起急性批量死亡。慢性症状主要危害4～8月龄稚鱼，发病期持续两个月。水温在10～12℃时死亡率高达80%～100%。

（2）防治　对症的治疗方法目前还没有，只有加强预防，一般用1/2000～1/500的福尔马林消毒鱼池和生产用具，在低温下饲养到5g左右可减轻病毒的发生。该病的发生与水温密切相关，8℃以下和15℃以上不易发病，可用调节水温的方法来预防此病发生。

3. 肤霉病

（1）症状　发病初期，病鱼鳍端或体表出现白点，迅速蔓延，形成棉絮状的菌丝。菌丝深入表皮进入肌肉组织，引起肌肉溃烂坏死，鱼体分泌大量黏液，呈现焦躁不安。

（2）防治　食盐水洗浴：幼鱼1%食盐水洗浴20min；成鱼2.5%食盐水洗浴10min。4/10000食盐水和4/10000小苏打合剂洗浴1h。

4. 粒球黏细菌病（烂鳍病）

（1）症状　常发生在密养的当年虹鳟的背鳍、尾鳍上。先是背鳍、尾鳍、腹鳍外缘上皮增生变白，逐渐向基部扩展，最后鳍组织腐烂，鳍条外露。夏季流行，水温在15℃以上时发病。

（2）防治　发现鳍条发白，要调整养殖密度，加大水量，增喂肌醇和富含亚麻酸的豆油、鱼油。也可用抗生素拌饵投喂，大黄加土霉素（每千克鱼用 2.5 克大黄加 50mg 土霉素）拌饵投喂，连续投喂一周。药物洗浴可用氯霉素 10mg/L 洗浴 30min；或痢特灵 1mg/L 洗浴 60min。为了预防此病发生，水温较高时应避免网捕。

5. 弧菌病

（1）症状　此病是对虹鳟危害极大的一种疾病，流行于晚春和秋季，发病水温 10℃以上。虹鳟发病初期体表鳍基逐渐变黑，摄食量下降，离群独游，眼球突出，鳍基、肛门、体表出血。严重时，表皮溃破，肠道充血、缺乏弹性，眼球白浊或出血，脾、肾肿大。

（2）治疗　口服磺胺类药物，每千克鱼体重投药量为 75～100mg，与饲料充分混合，连喂一周。

6. 传染性造血组织坏死病（IHN）

（1）症状　病鱼体色发黑，游动迟缓，腹部膨大，肛门拖着粪便。病毒最初在造血组织增生，其后侵袭到内脏，引起鳃丝、肝、脾、肾等处贫血，体侧肌肉及肠道充血。

体表有出血现象，是该病的明显特征，尤其在较小的仔鱼臀鳍上更为突出。受病毒危害的多为 0.2～0.6g 的仔鱼，死亡率高达 50%～80%。

（2）防治　病毒繁殖适温为 8～10℃，15℃以上停止繁殖，因此可将发病初期的病鱼放到水温 18℃左右的水中饲养 4～6d，可防治该病。发病鱼卵可用 50mg/L 的有机碘消毒 15min 后隔离饲养，避免病毒感染；也可用 2%食盐水洗浴 5～10min，连续 2～3 次。

7. 溃疡性皮肤坏死病（UDN）

（1）症状　损伤局限于皮肤，多在头部出现小灰色区，接着表皮脱落，后期霉菌侵入，与水霉病并发。

（2）防治　水温低于 10℃时易暴发此病，应加强综合防治措施，增喂复合维生素和维生素 C，在发病早期按 3mg/kg 氯霉素药饵投喂。遍洒 0.5mg/L 孔雀石绿溶液，防止并发水霉病。

8. 小瓜虫病

（1）症状　该病主要危害稚鱼，病鱼体表、鳃瓣肉眼可见白色小点状囊疱。

（2）防治　1/4000 福尔马林洗浴 40min，2d 1 次，连续 3 次。

9. 三代虫病

（1）症状　三代虫主要寄生在体表、鳃，损伤表皮和鳃组织，使鱼极度不安。鱼种、成鱼寄生有三代虫时，体表有一层灰白黏液，食欲减退，呼吸困难。

（2）防治　20mg/L 高锰酸钾溶液浸洗 20～30min 或用 1%氨水浸洗。

10. 黏孢子虫病（疯狂病、回转病）

（1）症状　该病通常发生在鱼体受伤之后。急性经过时，病鱼回旋游泳或垂直挣扎，有的侧向一边游泳打转，失去摄食能力而死亡。慢性经过时，病鱼呈波浪状旋转游动，体力疲乏，食欲减退，消瘦。

（2）防治　在摄食几周到4个月期间的仔鱼极易感染，由于黏孢子虫具有坚厚的壳，用药物治疗比较困难。因此，在管理上要做到：发现病鱼、死鱼及时捞出，病鱼不能抛在鱼塘附近，要烧毁或深埋。

11. 营养性肝脂肪变性病

（1）病因　连续投喂脂肪氧化的饲料；使用劣质鱼粉、霉变结块的饲料；饲料中缺乏维生素或维生素不全；饲料中糖类含量过高。

（2）症状　饲料系数增大，病鱼生长缓慢，食欲低，体色发黑，鳃丝颜色变淡；肝呈土黄色或淡褐色，有血斑；胆囊肿大，变黄，半透明；肠道充血、溃疡，有黄色黏液。

（3）防治　改善饲料质量，增喂复合维生素特别是维生素E和胆碱。有条件可增喂生鲜动物肝。

经验介绍 ▶▶ 虹鳟鱼病的综合防治措施

（1）选用体质健壮、抗病能力强的优良鱼种。

（2）提高池水溶氧量，保持水体清洁卫生；尤其在夏季，要适时增氧，增加水体溶氧量，防止鱼种浮头。

（3）投喂新鲜、适口的全价配合颗粒饲料。

（4）坚持鱼体入池消毒，发病季节还要进行水体消毒，消灭病原体，适时投喂药饵进行预防。

（5）细心观察，发现病情及时诊治，并把病鱼单独饲养。营养性疾病要从改善饲料入手，投喂适口、营养全面的饲料。

（6）在饲料中添加一定数量的大黄粉等中药，可有效预防寄生虫和细菌性疾病。

复习思考题

1. 养殖虹鳟对水质的要求有哪些？
2. 怎样进行传染性胰坏死病的治疗？
3. 虹鳟对饵料的需求特点是什么？

▶▶ 关键技术 4　大菱鲆的养殖

大菱鲆大棚养殖池塘

大菱鲆是名贵的经济鱼种，它具有适应低水温环境、生长快、抗逆性强的特点，且肉质细嫩、胶质丰富、口感独特，深受养殖者和消费者的喜爱。自1992年引入我国以来，水产专家们创建了符合我国国情的“温室大棚＋深井海水”的工厂化养殖模式，养殖技术十分成熟，在我国北方沿海迅速发展成为一项特色产业，养殖年产量近5万吨，年总产值超过40亿元，成为我国北方海水养殖的一项支柱产业。

一、养殖设施与环境条件

养殖设施包括养鱼车间、养殖池、充氧设施、调温设施、调光设施、进排水及水处理设施和分析化验室等。养鱼车间应选择在沿岸水质优良、无污染、能打出海水井的岸段建设，车间内保持安静，保温性能良好。养鱼池面积以30～60m^2为宜，平均池深80cm左右，池内侧以圆形为佳。

环境条件上，主要水质理化因子应符合下列要求。

(1) 水质　养殖区附近海面无污染源，不含泥，水质清澈，符合国家渔业二级水质标准。

(2) 光照　大菱鲆为底栖鱼类，光照不宜太强，以500～1500lx为宜。光线应均匀、柔和、不刺眼，以感觉舒适为度。光照节律与自然光相同。

(3) 水温　大菱鲆是冷水性鱼类，耐受温度范围为3～23℃，养殖适宜温度为10～20℃，14～19℃水温条件下生长较快，最佳养殖水温为15～18℃。

(4) 盐度　大菱鲆养殖的适应盐度范围较宽，耐受盐度范围为12‰～40‰，适宜盐度为20‰～32‰，最适宜盐度为25‰～30‰，提倡在最适宜盐度条件下养殖。

(5) pH　养殖水体的pH应高于7.3，最好维持在7.6～8.2。

(6) 溶解氧　大菱鲆对氧气的需求较高，水中的溶解氧要求大于6mg/L。

二、鱼苗的选择

1. 购买鱼苗

购买鱼苗是生产中最重要的环节，应选购体长5cm以上的苗种。购买苗种前，应对育苗场的亲鱼种质、苗种质量和技术水平进行考察，一定要从国家级良种场或政府指定的育苗场购买。要求苗种体形完整，无伤、无残、无畸形和无白化。同批苗的规格整齐，双眼位于身体左侧，有眼一侧呈青褐色，有点状黑色素；无眼一侧光滑，呈白色。鱼苗体表鲜亮、光滑，无伤痕，无发暗、发红症状，活动能力强，鳃丝整齐，无炎症和寄生虫。

2. 苗种运输

苗种运输前要提前做好停食和降温工作。一般使用尼龙袋充氧装运，运输时间以20h内为宜。首先在袋内加入1/3左右沙滤海水，鱼苗计数、装袋、充氧、封口，再装入泡沫箱或纸箱中运输。10L的包装袋，每袋可装全长5～10cm的鱼苗50～100尾；全长15cm的鱼苗，每袋可装30～50尾。鱼苗运输过程中要尽量避免鱼体受伤、碰撞、破袋、漏气、漏水、氧气不足等现象发生。水温偏高或运输距离较远时，应在运输袋中加入少量冰块以便降温和抑制细菌繁殖。

3. 入池条件

鱼苗放入池里的温差要控制在1～2℃范围内，盐度差在5‰以内，以减轻鱼苗因环境改变而发生的应激反应。

三、鱼种放养

1. 放养密度

大菱鲆一般放养密度可参考表 2-2。

表 2-2　养成阶段大菱鲆的一般放养密度

平均全长/cm	平均体重/g	放养密度/(尾/m^2)
5	3	200～300
10	10	100～150
20	85	50～60
25	140	40～50
30	320	
35	460	
40	800	

2. 控制和调整养殖密度

实际生产中要根据池水的交换量和鱼苗的生长等情况，对养殖密度进行必要的调整。控制养殖密度时要考虑以下几个因素：①当池水交换量在每天 6 个量程以下时，要适当降低密度；当交换量在每天 10 个量程以上时，可酌情增加密度；也可根据监测水体中的溶解氧多少来决定增减密度。②每个月对鱼进行取样称重，决定是否调整密度。③充分利用养殖面积，既不能因为放养过密而引起养殖池内的鱼生长速度下降，也不能因为放养密度过小而浪费养殖面积。④为避免分池操作过多发生应激反应而对鱼的生长产生影响，每次分池和倒池前需充分做好计划，以保证放养鱼至少在一个水池内稳定一段时间，再进行分池操作。

四、饲料及投喂

1. 大菱鲆的营养要求

大菱鲆对饲料的基本要求是高蛋白、中脂肪，与其他肉食性鱼类相比，它对脂肪的需求略低一些。如果长期投喂高脂肪饲料，会降低肝的功能。为了使大菱鲆健康生长，必须投喂适宜大菱鲆各生长阶段所需的饲料。苗种期（包括稚、幼鱼期）要求饲料中蛋白质含量在 45%～56%；养成期饲料中蛋白质含量为 45%～50%。大菱鲆对脂肪的需求较低，苗种期饲料中脂肪的含量为 10%左右，养成期为 10%～13%。最适的 C/P 比（能量蛋白比），苗种期为 65%左右；随着鱼的生长，养成期饲料的 C/P 比提高到 65%～76%；出池前所用饲料 C/P 比达到 80%。

2. 饲料的选择与投喂

大菱鲆养殖所用的饲料要适合不同生长阶段的营养需求，其中包含有适量的多种维生素、矿物质和高度不饱和脂肪酸等。所用饲料要容易投喂，饲料颗粒成型良好，在水中不易溃散。干性颗粒饲料的投喂量依鱼体重、水温而定。在一定条件下，3～1000g 体重的鱼投喂量为 6%～0.4%。在苗种期应尽量增加投喂次数，每天投喂 6～10 次，以后随着生长而逐渐减少投喂次数；长到 100g 左右，每天投喂 4 次；长到 300g 左右，每天投喂 2～3 次；

长到500g，每天投喂2次；长到500g以上，每天投喂1～2次。在夏季高水温期，每天投喂1次，或2～3d投喂1次，投饵量控制在饱食量的50%～60%。

由于大菱鲆属于变温动物，不同水温条件下的摄食量有很大差异。一般在苗种期日投饵率在4%～6%，长到100g大致为2%，长到300g以上大致掌握在0.5%～1%。

3. 投喂注意事项

(1) 投喂时既要评估饲料的损失率、饲料效率，又要评估所用饲料对鱼的健康生长的效果等情况。一般按鱼饱食量的80%～90%投喂比较经济合理。由于各池的换水率、养殖密度、水温等不同，鱼每天的摄食量也不尽相同。所以在实际投喂操作时，要密切注意鱼的摄食状态、残饵量，随时调整投喂量。

(2) 每次投喂，可将总投喂量的60%先在全池撒投一遍，剩下40%根据鱼的摄食状态再进行补充撒投。

(3) 大菱鲆耐高水温的能力比较弱，而且个体越大，耐高水温的能力越弱。因此，在高温期间，从维持鱼的体力出发，要按日投喂量的1/5～1/2，每天投喂1次或隔天投喂1次饵料，并添加复合维生素。7～9月属高水温期，一定要减少投喂量，以便养殖鱼能维持较高的体力和保证存活率。水温下降到15℃以下时，方可投喂含脂肪稍高的饲料。

五、商品鱼出池

1. 商品鱼上市要求

商品鱼要求体态完整、体色正常、无伤、无残，健壮活泼、大小均匀。养成鱼达到商品规格时，可考虑上市。上市前要严格按照休药期规定的时间停药，使用过的药物要低于国家规定的药物残留限量值方可上市出售。目前国内活鱼上市规格每尾至少要达500g以上，国际市场通常达到每尾1kg以上，今后应提倡大规格商品鱼上市，以便与国际市场接轨。

2. 商品鱼运输

商品鱼出池时将池水排放至15～20cm深度，用手抄网将鱼捞至桶中，然后计数、装袋、充氧、装箱发运。一般采用聚乙烯袋打包装运，车运或空运上市。运输前要停食1d，进行降温处理，运输水温以7～8℃为宜。程序是首先在袋内加注1/5～2/5的沙滤海水，然后放鱼、充氧、打包，再封装入泡沫箱中，运输鱼体重和水重量为1∶1左右。解包入池时，温差要求在2℃以内，盐度差在5‰以内。

经验介绍 ▶▶如何建造塑料大棚养殖大菱鲆

养鱼温室大棚的结构和暖冬式蔬菜大棚基本相似。墙体由红砖、水泥砌成，有钢制简易拱形屋架，屋面用双层渔用大棚塑料薄膜，上盖一层稻草帘，草帘上面用一层大扣渔网罩住拉紧，扣在屋檐四周的栓柱上，以防草帘被吹走。

养鱼池池底用钢筋混凝土浇筑，表面防水采用五层处理，坡度5%。池壁用红砖、水泥、砂浆砌筑，池内壁防水采用五层处理，池外壁用水泥、砂浆抹光。池底预埋排水管道，排水口在池底中央位置，排水溢水管垂直插入池外排水井弯头处，可以随时插拔。

池形有圆形和方形两种，方形养鱼池四角抹成圆形，以便使池水能循环流动起来。池子规格有5×5、6×6、7×7等不同规格，池深60～80cm不等，每池布散气石6～10个，进水管两处，与池上口成切线方向。每个温室大棚建筑700～1000m^2，养成池两排设一条进水主管道和排水沟，进水主管道外引井水，内通各个养鱼池。温室大棚可单独建造，也可以几个连在一起建造，并且可以和生活区建在一起，非常灵活、方便。

复习思考题

1. 温室养殖大菱鲆时如何打井取海水？
2. 如何选择优质的大菱鲆鱼苗？
3. 大菱鲆对水质的要求有哪些？

关键技术5 牙鲆的养殖

牙鲆，在我国俗称牙片、偏口、比目鱼，是名贵的海产鱼类，又是重要的海水增养殖鱼类之一。牙鲆个体硕大，肉质细嫩鲜美，深受消费者的喜爱，市场十分广阔，经济价值很高。

牙鲆在我国的渔业史上占有一定的地位，但是由于过量捕捞和环境污染造成自然资源大幅度下降，出现了供需矛盾，促使人们走养殖的道路。我国的牙鲆人工孵化育苗研究始于20世纪50年代末，育苗厂家遍布山东、河北、辽宁等省。从20世纪90年代开始，牙鲆养殖发展迅速，山东的威海、烟台、青岛等地除开展网箱和池塘养殖外，正在大力发展工厂化养殖生产。近几年，福建、广东、广西等省（自治区）试验牙鲆“北鱼南养”获得成功并实行了产业化生产。

一、生物学特性

牙鲆属于鲽形目、鲆科、牙鲆属。牙鲆属的鱼类，在南、北美洲东、西岸种类分布较多，而亚洲沿岸只有牙鲆一种，主要分布于渤海、黄海、东海、南海以及朝鲜、日本、俄罗斯沿岸海区。

牙鲆仔鱼培育的最适温度为17～20℃，成鱼生长的适温为14～23℃，最适温度为21℃。牙鲆在13℃以下或23℃以上摄食减少，25℃以上停止生长，长期处于27℃的环境下易引起大量死亡。牙鲆为广盐性鱼类，能在盐度低于8‰的河口地带生活。

牙鲆对低溶氧的耐受能力强，一般养殖时应以4mg/L为标准。牙鲆是肉食性鱼类，摄食鱼类的种类包括中华倒刺鲃、天笛鲷、小型虾虎鱼、玉筋鱼、沙丁鱼和鲐等的幼鱼及乌贼类。牙鲆的产卵期为4～6月，盛期为5月份，属多次产卵型鱼类，产卵的适宜水温范围为10～21℃，最适水温为15℃。体长45～70cm的雌鱼每尾怀卵90万～100万粒。

二、牙鲆育苗技术

（一）设施条件

育苗池为容积 20～60m^3、深度 1m 左右的圆形水泥池，它具有循环流水、易于管理和产苗量大等优点。育苗的供水系统由水泵、管道、储水池和快速沙滤罐或沙滤池等组成。

但实践中，基于建筑成本等方面考虑，人们常将水池建成方形、八角形或椭圆形等占地面积少的池形。另外，为了减少投资，充分利用已有的设施，如对真鲷等游泳性鱼类或对虾育苗池等稍加改造也可用于牙鲆苗种生产。一般现有的鱼、虾类育苗池都比较深，多在 1.5m 以上，不利于牙鲆着底稚鱼的直接培育，但可以采用池内张挂网箱的办法来解决。

（二）亲鱼的选择与蓄养

自然海区的牙鲆雌鱼性成熟年龄为 3～4 年，雄鱼为 2～3 年，雌雄亲鱼均应选择 3 龄以上个体；体重方面，以天然鱼 1.6～7.0kg、养殖鱼 0.9～5.1kg 为好。牙鲆不在产卵期难以鉴别雌雄，在产卵期生殖孔红而圆者为雌性，细长而不发红者为雄性。亲鱼培育需黑布遮光，完全人工光源，光照一般由 40～200W 的白炽灯控制，光照时间为每天 8～14h。亲鱼的放养密度为 1～2 尾/m^2，总体重 5～15kg/m^2。蓄养期间饵料种类以沙丁鱼、鲐、玉筋鱼等小杂鱼类为主，日投饵量控制在鱼体重的 1%～3%，日投喂 2 次。天然鱼刚入池时较难适应，必须采取流水使饵料慢慢活动或人工饵料摆动等方式诱食，使之尽早摄食。蓄养期间使用沙滤海水，每天循环换水 5～12 次为宜。

（三）产卵和采卵

牙鲆为分批成熟、多次产卵鱼类，产卵多在夜间进行。发现产卵后可于傍晚在溢水口外放一小型水槽，在水槽内置 80 目筛绢网箱，产出的卵随水流入筛绢网箱内，翌日一早收集卵子。受精卵子在海水中是上浮的，可将收集的卵子放在小水槽内静置 10min，除去沉底的坏卵，即可孵化。

另外，可于繁殖季节在海上直接捕捞性成熟的亲鱼，获得受精卵。

人工授精可采取干法或湿法授精，授精时避免在阳光直射下进行。采卵、采精前，将亲鱼体上过多的水轻轻擦干，再将卵和精液分别挤入单独的干净器皿内，然后先加精液于盛卵容器内搅匀再加海水搅动（干法）或先加海水再加卵、精液搅匀（湿法）。受精卵的运输可采用塑料袋充氧密封运输。

孵化方法可用孵化网箱或孵化水槽，也可直接在育苗池中孵化。孵化密度一般为 1 万～5 万粒/m^3。孵化期间应微量充气，每天定时清除死卵和脏物。

（四）鱼苗培育

1. 前期鱼苗培育

前期鱼苗培育指从初孵仔鱼到着底阶段的培育管理，平均时间为 1 个月左右。前期鱼苗培育密度以 7 万～9 万尾/m^3、水深 1m 左右为宜。初孵仔鱼一般经 4～5d 培育，便开口摄食，所以从第5天便开始投喂。牙鲆仔鱼的开口饵料以轮虫为好，随着生长发育，轮虫渐显不足，应及时补投卤虫无节幼体。牙鲆仔鱼仅以轮虫和卤虫无节幼体为饵料也能培育至变态着底。

育苗初期可用静水微充气培育，每天定时吸污，并补充新鲜海水，一般前10d可每天换水30%～100%，之后可采取微流水培育，每天交换100%～300%，高密度培育时更应及早开始流水并加大换水量。流水量多少应考虑鱼苗的游泳能力、饵料的流失、水温及水质状况来确定，控制水温在18～20℃，pH在7.8～8.4，溶解氧在5mg/L以上。早期流水培育应注意避免将仔鱼冲至排水网上。充气初期可控制微充气，随仔鱼生长，可适量加大充气量。牙鲆仔鱼摄食及生长变态需要一定量的光照，其能够摄食的最低光照强度为18～25lx，生产上白天常控制在500～2000lx。生产上除在孵化时添加小球藻液外，培育初期的20d以内也常随换水添加小球藻液，维持小球藻密度在20万～50万个细胞/mL，对提高成活率和生长有促进作用。前期培育成活率在50%～70%。

2. 后期苗种培育

后期苗种培育指从着底后到全长50mm阶段的培育。后期培育水池以容积$50m^3$、水深1m的圆形或长方形水泥池为宜。培育方法分两种：一种是让变态着底稚鱼直接沉到水池底面进行培育，称为“直接培育法”；另一种是将变态着底稚鱼移入箱内，让其变态着底于网底，然后进行培育的方法，称为“网箱培育法”。两种方法各有利弊：前者残饵易堆积，出池费事，但避免了移入网箱过程中对鱼苗的冲击和惊吓；后者残饵易清除，单位面积产量及成活率较高，但要经常换网和洗网。

放养密度在刚着底时为1万尾/m^2左右，随着生长应逐渐降低密度，至全长30mm时，可为1000～8000尾/m^2。后期培育饵料以卤虫无节幼体、成体卤虫和碎肉为主。后期培育水温控制在18～25℃。每天换水可控制在300%～400%，当水质污浊和残饵过多时，应及时清除残饵并加大换水量。后期培育中，由于个体间大小的差异，特别是全长在20～50mm时，易发生相互残食现象，所以为提高成活率，要及时进行分选。分选的方法一是逐尾用肉眼观察挑选；二是用适当网目的网箱分选，分选后按不同规格分池饲养。与此同时，还应避免高密度培育，并适当增加投饵量和次数。牙鲆鱼苗后期培育30d，即孵化后60d，全长在19.0～47.9mm，平均为30mm；此时出苗密度为1100～7500尾/m^2，平均为4000尾/m^2左右。后期培育成活率为50%左右。后期培育50d即孵化后80d，鱼苗全长达50mm，即可用于养成。

三、牙鲆养成技术

1. 养成设施

养成车间可采用砖石结构墙壁，屋顶采用竹架结构，竹架上盖竹席和油毡纸。水池主要为砖混凝结构，池形可选八角形、圆形、方形、长方形等。池底面积多为30～$80m^2$，深1～1.2m。中间排水，可设2～3处进水孔，使池水旋转，将残饵和粪便等集中于排水口以便排出。

2. 苗种选择

苗种应规格整齐，全长达5cm以上，色泽近似于天然鱼体色，并弃去黑白个体。苗种运输时应避开7～8月的高温季节，以免引起不良反应，应注意水温、盐度的落差。

3. 放养密度

放养密度主要与鱼体大小、水质有关。在良好水质的情况下，放养密度可根据放养时间及鱼体重的增加不断降低，一般开始时为800尾/m^2，鱼体重增至800g时为15尾/m^2。也可根据鱼体面积和池中放养覆盖面积来计算放养尾数，一般水池中放养面积覆盖率分池时以80%～90%为宜。

4. 饵料投喂

目前普遍的做法是采用牙鲆专用粉末饲料与冷冻或新鲜杂鱼混合制成软颗粒饲料投喂，使用的杂鱼主要是沙丁鱼、玉筋鱼、竹荚鱼、鲐参鱼及其他杂鱼等，要求新鲜度一定要好，新鲜度差或冷冻时间长的不能使用。饵料中可添加维生素C、维生素E和复合维生素类。提倡使用专用干性颗粒饲料，干性配合饲料营养更为全面，对水质污染轻，有利于减少病害发生。

5. 投饵次数和投饵量

稚鱼期每天投喂4～6次。鱼体重100g前后每天3～4次，400g以上每天2次。在水温低于13℃或高于25℃、鱼摄食不良时，可适当减少投饵次数。药浴时也要减少投饵次数或停饵，特别是药浴前不要投饵。具体投饵量根据鱼摄食情况确定，原则上是不能有残饵。投饵时应观察鱼的摄食情况及摄食量的变化，遵循“慢、快、慢”的投饵原则。

6. 水温控制

牙鲆养成中要特别注意水温，饲养的适宜水温为18～22℃，至少保持在10℃以上。

7. 大小分选

幼鱼全长10cm以前互残现象仍较严重，常有咬伤；10～20cm的幼鱼，虽然互残现象减少，但小规格鱼摄食不足，生长缓慢，所以必须大小分选。在8～10cm阶段一般分选2～3次，10～20cm阶段视生长情况而定。每次分选以后，为防止擦伤带来的细菌感染，应用福尔马林药浴。

四、常见病害防治

牙鲆育苗与养成期间现已发现的常见病害有：爱德华菌病、滑走细菌病、心房内血栓症、纤毛虫病、气泡病、腹水病、白点病、淀粉卵甲藻病、车轮虫病、畸形病、白化病等10多种。

1. 白点病

（1）症状　该病又名寄生鳍腐纤毛病，此病发生在苗种培育阶段。病鱼摄食不良。全身黑化。已底栖生活的幼鱼离群上浮游动。重症者表皮部分白化，与黑色相间呈团块状，黏液增多，鳍、鳃盖内侧发红糜烂，导致幼鱼大量死亡。

（2）防治

① 仔鱼入池前将水槽彻底消毒清洗。

② 饵料生物如卤虫必经杀菌处理方能使用。

③ 投喂肉糜以少量多次为宜，严格控制投喂量，并及时清除残饵和死鱼。

④ 对已发病的鱼采用 25mg/L 福尔马林全池泼洒，5min 后启动微流水装置，效果较好。

2. 传染性肠道白浊症

(1) 症状　此病多发生于变态前期的仔鱼，死亡率高。肠道发白，腹部膨大，消化道内存有大量饵料，随病情发展，腹部下陷之后死亡。患病仔鱼不摄食，在水中呈团块状，游泳不活泼。

(2) 防治方法　目前还没有较好的防治办法，培育时应特别注意，必须使用油脂酵母及小球藻培育的轮虫等优良饵料，并使培育环境保持清洁。

3. 腹水症

(1) 症状　此病从仔稚鱼期到成鱼均有发生。病鱼腹部膨胀，有时肠子从肛门出，鳍出血，吻端发红，肝出血，肾肥大。

(2) 防治　目前还没有很有效的药物治疗。建议养殖中经常换水，保持环境清洁。

4. 链球菌病

(1) 症状　病鱼眼球血浊、充血、突出，鳃盖发红，上、下颌充血，肠道发红，腹部积水，卵充血等。

(2) 防治　口服四环素类药物有一定的疗效。但最好的预防措施是降低放养密度，避免过量投饵，清除残饵，改善水质。

5. 孢子虫病

(1) 症状　孢子虫寄生在鳃上，造成呼吸困难，不进食，最后死亡。

(2) 防治　2mg/L 硫酸铜泼洒全池，2h 后换水。

6. 体色异常鱼

(1) 症状　体色异常主要是有眼一侧的色素发育不良而出现的变白现象，相反无眼侧则出现黑褐色或茶褐色的色素，而出现变黑的鱼。两者往往同时发生。

(2) 防治　其起因目前还不十分清楚，有人认为是营养不良引起的，有人认为是培育的物理条件如光照不足，早期发育的温度不适引起的。体色异常的鱼生长不受影响，随鱼体的生长白化程度逐渐减少或消失。

经验介绍 ▶▶ 牙鲆人工养殖池塘管理要点

1. 清淤、整底

放养前应认真清池，旧池要清淤，将池内污水排净，利用秋、冬季封闸晒池数月，然后将淤泥用推土机推到堤坝上或池外。一般每年 10～11 月或 2～3 月进行。将滩面翻耕 20～

30cm，暴晒数日到数月，通过阳光紫外线和氧气使淤积的黑泥等有机质充分氧化分解。

2. 消毒

放养前必须清除敌害生物、争食生物及致病微生物。可采用不同药物清池，如生石灰用量为75kg/亩，或漂白粉用60mg/L等。

3. 进水

水质指标：水温15℃以上，盐度12‰～31‰，pH为7.8～8.6，溶解氧大于4mg/L，无其他工业污染及有害的物质存在。进水口严密安装60目滤水网，特别是幼鱼培育阶段，避免虾虎鱼亲鱼和鱼卵等敌害生物从闸门缝隙进入池内。观察发现体长6～7cm的虾虎鱼可以捕食同样体长的牙鲆。初次进水水深以20～30cm为宜，以后随水色和水温的变化逐渐添加。

4. 繁殖饵料生物

幼鱼培育一定要搞好饵料生物繁殖，大部分浮游动物都是幼鱼的优质活饵料。一般从放苗前10d开始施肥，常用的肥料有鸡粪和化肥等，每亩水面施用经过发酵的鸡粪50kg，或施用尿素2～2.5kg。使用尿素等化肥应首先在水中溶解，再全池泼洒。到投苗时，水深逐渐加到50cm左右，透明度达到20～30cm。

复习思考题

1. 怎样做好牙鲆常见病害的防治？
2. 北方养殖牙鲆如何选择池塘？
3. 养殖牙鲆如何投喂饵料？

模块三 虾、蟹类增养殖技术

关键技术1 淡水青虾的养殖

青虾又名河虾，学名日本沼虾，是中国和日本特有的淡水虾类。青虾在我国广泛生活于淡水湖、河、池塘中，其肉质细嫩、肉味鲜美、营养丰富、经济价值较高，是可供出口的名贵水产品。青虾具有食性杂、生长快、繁殖力强等特点。当年产出的幼虾苗，在环境条件好、饵料丰富的情况下，2～3个月就能长成大虾。因此，发展青虾养殖，前景光明，经济效益可观。

目前青虾的养殖方法主要有池塘养殖、水库养殖、稻田养殖等。青虾可以单养，也可混养，以混养为主。在此主要介绍池塘养殖的方法。

一、池塘养殖准备工作

（一）池塘的要求

1. 池塘条件

青虾属底栖甲壳动物，喜在池底活动，游泳能力差，耗氧量高，不耐低氧环境。因此青虾养殖池的面积不宜太大，一般养虾池面积以2000～3000m^2为宜，坡比为1∶3～1∶3.5，水深1～1.5m。要求池底无淤泥，水源充足，水质清新，没有污染，进、排水方便，符合国家渔业用水标准。

2. 池塘消毒

苗种放养前半个月用生石灰、漂白粉、巴豆等彻底清塘消毒，待药效彻底消失后，就可以放虾养殖。在每个塘内安装好增氧设施。

3. 注水施肥

放苗前1周注水0.5m，按池水肥瘦再施肥，以增加幼虾的适口饵料，即浮游生物。

（二）种植水草

青虾属甲壳动物，有蜕壳和互残现象。因此为避免青虾互残现象的发生，就必须种植一些适宜的水草来防止青虾之间的相互残食。

种植的水草主要有两类：一类是种植于池边浅水带四周的水花生；另一类是种植于浅水带池塘底部的沉水植物，有轮叶黑藻、伊乐藻等。这类水草繁殖迅速，所以当池塘内水草过多时，可用人工方法捞除稀疏，使塘内水草呈星点分布。

一般水草所占面积应控制在30%左右。

（三）设置网片

在虾塘中间设置10～33目的无节夏花网片，用毛竹架固定，按屋架形式设置于水下20～40cm处，坡度15°～20°，以便青虾上下爬行。每排网片3～4m，长度因池而定，一般3335m^2左右池塘设2排。

二、主要技术措施

（一）苗种放养

在养殖环境适宜、饵料充足的情况下，虾苗经过2个月的饲养可达每尾3g以上的商品虾。因此，虾种放养可采用春季和夏季两次放养、一年养两茬的养殖方式。

夏季放养在7月左右进行，每亩放1cm左右的虾苗4万～6万尾，10～20d后投放少量鲢鱼种。放养时要避开青虾苗种脱壳高峰期。到了八九月份还会出现一次批量产卵孵化出的小虾苗，这批虾苗到年底规格一般在2～3cm，可作为春季放养苗种，一般每亩放15～20kg。

（二）饵料供应

青虾为杂食性动物，食谱较广，但也有选择性。植物性饲料较喜豆饼、花生饼、麸皮、米糠等；动物性饲料较喜蚯蚓、螺蚬、小杂鱼虾、鱼粉、蚕蛹等。投饵时间以下午5时为宜，可均匀撒在虾池四周，饵料要充足，以免青虾因饥饿而互相残杀。

（三）投喂管理

饲料应以人工配合饲料（应添加蜕壳促长素）为主，螺和小杂鱼等鲜活生物饲料为辅。青虾的最适摄食温度为25℃左右。

根据青虾的摄食生活习性，投饲要做到“四定”，即定时、定质、定量和定人。一般每天投喂2次，时间为8：00～9：00、17：00～19：00，上午投喂总量的1/3，下午投喂总量的2/3（在水温25～30℃时，应每天投喂3次）。

饲养初期，宜将适口的饵料在全池泼洒，几天后将饵料投在有水草的浅滩上和投饲带上，每1～2m设一个投饲点。

青虾苗种的日投喂量一般控制在3%～5%，前期以细颗粒饲料投喂。随着青虾个体的增大，可适当投喂相应规格的颗粒料。投喂时要细心观察青虾的吃食情况，一般每次投喂量以 2～4h 吃完为宜。

人工配合饲料的日投饲量可先按存塘虾体重的 2.5％～5.0％投喂，以后再根据虾的摄食情况进行调整。

（四）水质管理

青虾不耐低氧环境，喜在水质清新、溶氧丰富的水域里生活。要做好以下工作：一是定期注入新水，使水的透明度保持 40cm 以上。二是要因水制宜、合理施肥，以使水质“肥、活、嫩、爽”，促进青虾生长。三是清除池内青虾的敌害，提高青虾的成活率。四是定期泼洒石灰水，每隔 15d 用生石灰（用量 20kg/亩）化水全池遍洒，在调节 pH 的同时起到杀菌补钙和促进青虾蜕壳的作用。

（五）日常管理

每半月用 20g/m^3 的生石灰水或二溴海因、二氧化氯等消毒剂对水体消毒，杀灭病菌及病原体。同时观察青虾身上是否附着纤毛虫，如有，可用 0.7g/m^2 硫酸铜全池泼洒，隔 7d 重复用一次。

（六）适时起捕

青虾长到 4～5cm 就可以起捕上市。一般春季放苗种，5～7 月份起捕上市；夏季放苗种，9～11 月份起捕上市。

三、常见病害防治

青虾养殖中常见疾病主要为黑鳃病、红体病、黑斑病、寄生性原虫病等。

1. 黑鳃病

（1）症状　病虾鳃丝发黑，局部霉烂，部分病虾伴有头胸甲和腹甲侧面黑斑。患病幼虾活力减弱，在底层缓慢游动，趋光性变弱，变态期延长或不能变态，腹部蜷曲，体色发白，不摄食。成虾患病时常浮于水面，行动迟缓。

（2）防治方法

① 保持水质清新、溶氧充足，并在饲料中适当添加维生素 C。

② 发病虾塘每立方米水体用含氯制剂（强氯精、二氧化氯、漂白粉等）0.4～1.2g 全池泼洒。

③ 每千克水加呋喃唑酮 2～3mg，浸洗病虾 20～30min；或每千克水 加 15～210mg 的甲醛混合后，浸洗病虾 10～15min。

（3）注意事项

① 生石灰不能与漂白粉、有机氯、重金属盐、有机络合物混用。

② 二氧化氯勿用金属容器盛装，勿与其他消毒剂混用。

2. 红体病

（1）症状　由甲壳腐蚀、细菌感染所致，发病初期，附肢、背甲、尾柄处有一到数个小红点，以后红点逐渐增多，严重时导致一侧黑鳃，重则半天，轻则3～4d，病虾爬上浅滩死亡。

(2) 防治

① 要防止虾体机械性外伤。

② 每千克饲料中拌入氟哌酸1g，投喂5～7d，喂药第2天每千克水中加强氯精0.8mg，第4天每千克水中加强氯精0.5mg全池。

3. 固着类纤毛虫病

(1) 症状 由聚缩虫、单缩虫、钟虫、累枝虫等固着类纤毛虫寄生引起，寄生虫附着于虾的鳃部和体表，镜检时可见大量的纤毛虫充塞于鳃丝之间。

(2) 防治

① 每立方米水体用甲壳净0.2g全池泼洒。

② 每立方米水体用杀灭海因0.4～0.6g全池泼洒，可杀死大部分寄生虫。

③ 每立方米水体用福尔马林10～15g全池泼洒。

4. 黑斑病

(1) 症状 病虾的甲壳上出现黑色溃疡斑点，严重时活力大减，或卧于池边处于濒死状态。

(2) 防治 保持水质清爽，捕捞、运输、放苗带水操作，防止亲虾甲壳受损；发病后用聚维酮碘全池泼洒（幼虾0.2～0.5mg/L；成虾1～2mg/L）。

(3) 注意事项 聚维酮碘勿与金属物品接触，勿与季铵盐类消毒剂直接混合使用。

5. 寄生性原虫病

(1) 症状 镜检可见累枝虫、聚缩虫、钟虫、壳吸管虫等寄生于虾体表及鳃上，严重时，肉眼可看到一层绒毛物。

(2) 防治

① 用1～3mg/L硫酸锌全池泼洒。

② 用1mg/L高锰酸钾全池泼洒。

(3) 注意事项

① 硫酸锌勿用金属容器盛装。使用后注意池塘增氧。

② 高锰酸钾不宜在强烈的阳光下使用。

四、注意事项

人工养殖青虾，为达到提高单位面积产量、商品率和商品规格的目的，必须注意以下几点。

(1) 目前许多养殖户都是在池塘中直接投放抱卵虾，自繁自养，因此，虾苗数难以控制，造成青虾存塘密度较高，结果商品率在50%～60%，商品规格较小。建议主养青虾池塘直接投放虾苗过数下塘，这样既降低饲料系数，又便于管理，在收获时能达到较好的经济效益。

(2) 青虾喜欢在微碱性水体中生活，养殖过程中，一般每隔15～20d用生石灰10～15g/m^3全池泼洒。这样既调节水质，又有利于青虾的蜕壳生长，较好地控制青虾病害的发生。

(3) 青虾不能与青鱼、鲤、鲫等以底栖生物为食物的鱼类混养。

(4) 养殖青虾塘严禁使用有残毒的五氯酚钠、敌杀死等药物。

经验介绍 稻田养虾

稻田养殖青虾，既可改善稻田生态环境，又可增产增收，也是一项很有发展前途的养殖方式。其主要操作技术要点如下。

1. 选好田块，开好虾沟

养殖青虾的稻田要求水质清新、水位稳定。为此，要选择靠近水源、进排水比较方便、土质较好的田块，经过翻整耙平，可在田块的一头开挖宽 2m、深 1m 的虾沟，或在田块四周及田块中间开挖“田”字形、宽 1m、深 0.8m 的虾沟。建成进、排水系统，灌好水，严防野杂鱼混入。

2. 适时放种，提高成活率

秧苗栽插后一星期开始放幼虾，通常用当年人工培育成的幼虾进行放养，规格为 2000～5000 只/kg，每亩可放 1 万～1.5 万尾。选择阴雨天或晴天的早晨放养，要分点投放，使整个水域都有幼虾分布，避免幼虾过分集中因缺氧引起死亡。放养时动作要敏捷，以提高幼虾放养的成活率。

3. 科学投饵，加强管理

幼虾放养后，立即开始投饵，一般可用麸皮、豆饼，或鱼（虾）用颗粒饵料投喂，还应适当投喂一些螺蛳、贝肉、鱼肉等动物性饵料。每天投喂 2 次，以傍晚投喂为主，日投喂量可按在田虾体重的 2%～4%掌握，根据季节、天气和青虾吃食情况，合理调整，使虾吃饱、吃好，促进生长。

搞好稻田养虾的管理十分重要。一是一定要坚持定期换水，使虾沟内的水保持清新，特别是夏、秋高温季节更要勤换水，即使在水稻搁田时也要保持虾沟内水位稳定，为青虾生长提供一个好的生态环境；二是尽可能避免使用农药，如果要使用，应选用低毒高效的农药，注意使用方法，不要杀伤青虾；三是要注意清除敌害，蛙、蛇、水老鼠等都会吞食青虾，要采取有效方法及时消灭。

复习思考题

1. 青虾养殖中常见疾病如何防治？
2. 青虾养殖主要技术措施有哪些？

关键技术 2 罗氏沼虾的养殖

罗氏沼虾即马来西亚大虾，又称金钱虾（我国台湾地区）、长臂虾，是一种大型长臂淡水虾，隶属长臂虾科、沼虾属。罗氏沼虾原产于东南亚的热带和亚热带地区，主要栖息于河川，以受到潮汐影响的下游较多。其形态同我国南方各省分布的青虾相似，但个体远比青虾大，最大的个体可达500g左右。

一、幼虾培育技术

（一）生态习性

1. 活动特点

罗氏沼虾幼体发育阶段，必须生活在具有一定盐度的咸淡水中，在纯淡水中不久就会死亡。溞状幼体喜欢集群生活，常密集于水的上层，尤以幼体前期更为明显，具趋光性，但又避强光直射。

幼体变态为幼虾后，直到成虾、亲虾，均生活在淡水中，并营底栖生活。白天多呈隐蔽状态，分布于水域边缘的水草、枝杈、石缝或其他固着物上；夜间则活动频繁，其觅食、产卵、蜕壳均多在夜间进行。

罗氏沼虾对水温和溶氧极为敏感。其生存水温为15～35℃，生长适宜水温为25～30℃。水温降至18℃时，活动减弱；16～17℃时，反应迟钝；14℃以下持续一定时间就会冻死。

罗氏沼虾有朝着新水集群游动和爬行的习惯，当水中溶氧过低时，常集群攀缘于岸边，反应迟钝，严重时死亡。

2. 蜕壳

蜕壳是甲壳类动物重要的习性（在幼体阶段称蜕皮），幼体发育、变态是通过蜕皮来实现的，每进行一次蜕皮，幼虾就进入一个新的发育时期。罗氏沼虾蜕壳与水温有密切关系。水温在20℃以上时，全年都可蜕壳生长，一旦水温降到20℃以下，其蜕壳中止，生长也就停滞了。

当水温回升到20℃以上，其蜕壳和生长又会正常进行。罗氏沼虾雌虾在抱卵孵化期间，不蜕壳也不生长。罗氏沼虾不同的生长阶段，蜕壳间隔也不同，当水温保持在26～28℃时，幼体2～3d蜕皮一次，幼虾要4～6d才蜕一次壳，成虾阶段则7～10d才蜕壳一次，性成熟的亲虾要1个月才蜕一次壳。

罗氏沼虾在蜕壳期间，容易遭受敌害和同类残食，造成很大伤亡。人工养虾时应投食充足，并采取相应保护措施，以提高成活率。

（二）培育池条件

1. 培育池

以水泥池为宜，面积50～100m^2，水深70～80cm，水源充足，排灌设施齐备，池底排水端设一收虾槽。也可采用幼体培育池进行高密度强化培育；还可在养虾池塘中架设网箱培育。

2. 培育用水

视水质变化情况，不定期更换池水，使溶氧量在 3mg/L 以上。如利用室内幼体培育池强化培育，则保持经常性充气增氧，经常去除污物残饵，防止水质恶化。

3. 设置隐蔽物

水池内设置瓦片、砖块、竹枝、挂网等供幼虾栖息、隐蔽。室外水泥池可在池的一端架设竹笪遮阳或放养水浮莲等，使幼虾避免阳光暴晒、躲避敌害。

4. 放养密度

室外水泥池每平方米放养淡化虾苗约 300 尾，若有流水和增氧设施，可加大放养密度。用室内幼体培育池强化培育，每立方米放养淡化虾苗 4000～5000 尾。用池塘网箱培育，每立方米放养淡化虾苗约 3000 尾。

（三）饲养管理

1. 投饵

罗氏沼虾属杂食性甲壳动物。刚孵出的溞状幼体，第一次蜕壳后即开始摄食小型浮游动物。经 4～5 次蜕壳，即可摄食煮熟的鱼肉碎片、鱼卵、蛋黄等细小适口的动物性饵料，直到变态成幼虾。

从幼虾开始，其食性变为杂食。水生昆虫幼体、小型甲壳类、水生蠕虫、动物尸体及有机碎屑、幼嫩植物碎片等都是其可口食物。幼虾食性虽广，但仍以动物性食物为主。

到了成虾阶段，其食性更杂，水生昆虫、软体动物、蚯蚓、小鱼虾，水生植物茎叶、藻类、谷物、豆类等均可吃食。饥饿时，罗氏沼虾常以刚蜕壳的软壳虾，或活动能力弱的虾为饵料，出现自相残食现象。

2. 病害防治

放养前对水池进行清洗和药物消毒；放养期间可用漂白粉（1mg/L）或三氯异氰尿酸（0.3mg/L）进行池水消毒，可防治细菌性疾病。

3. 防逃设施

进出水口做好防逃设施，也可防止敌害生物入池。

4. 出池幼虾质量要求

淡化后虾苗（体长 0.6～0.7cm）经 15～20d 培育，体长达到 1.5cm 以上，成活率在 80%以上。

二、成虾养殖

（一）成虾池条件

养虾池塘要求水源充足、水质清新、溶氧丰富。成虾池面积以 2000～3335m^2 为宜，以利水质稳定。底质以泥沙底为好，塘底淤泥不超过15cm，保持水深度1.5m左右。

虾的耗氧量比鱼大，窒息点比鱼高。成虾池应安装增氧机或保持微流水，以增加溶氧。进、出水口应安装防逃设施。

（二）虾苗投放

虾苗的放养密度主要取决于池塘条件、饵肥供应、管理水平和产量指标四个方面。就目前一般情况看，幼虾养至成虾平均成活率为40%，若计划亩产100kg，成虾出池规格20g/尾，则投放3cm幼虾8000～10000尾/亩。

另外搭配规格为50～100g/尾的鲢、鳙150～200尾。若投放0.7～0.8cm的虾苗2万～3万尾/亩，搭配的鲢、鳙不能同期入池，需晚放半个月。

（三）投饵

罗氏沼虾对饵料选择性很强，在自然条件下以动物性饵料为主，如小鱼、小虾、蚯蚓等，因此在初期就要驯化其对人工配合料的吃食习惯。

人工配合料蛋白质含量应不低于30%～35%。日饵量为虾体重的5%～7%，后期可降为2%～3%。日投饲2次，上午8时投日总量的1/3，下午5时投日总量的2/3，有条件的地方最好再投放一些动物性饲料，如螺蛳、河蚌等。

（四）水质管理

虾池水质在饲养前期应稍肥，后期适当偏淡，水色为黄绿色，透明度30～35cm，pH 7～8，放养时水深70～80cm，每隔一星期提高水位10cm。如遇到水质变差或天热、气压低时要多进水，并开动增氧机增氧。

在高温季节，晴天每天中午开增氧机2h，减少水层温差，改善水质。池塘所配增氧机，亩功率应达到0.75kW，保证水中溶解氧在3mg/L以上。

（五）种植隐蔽物

虾池四周塘坡种植空心菜，5月中下旬移植至距水位线70cm处的塘坡上，种植间距为10cm，种植面积占池塘面积的20%～30%。空心菜可作为罗氏沼虾良好的栖息及蜕壳环境，减少相互间的残杀，可提高成活率和生长率。

但空心菜覆盖面积不宜过大，否则会影响水体浮游植物光合作用，导致水体缺氧。

（六）成虾捕捞

罗氏沼虾为热带、亚热带品种，对低温适应能力较差，水温14℃以下难以生存；加之罗氏沼虾差异大，为避免集中上市影响价格，9月上旬即开始轮捕，把个体重20g以上的捕掉，捕大留小，逐渐上市。

10月份待水温降到18℃以下时，罗氏沼虾活动减弱，摄食减少，生长缓慢，应抓紧捕捞。成虾捕捞的方法一般是先放水，待塘半干后反复拉网，最后再排干水捕尽。在排水时应在排水口安装网袋，以免成虾流失。

（七）注意事项

在饲养过程中，一是严禁使用敌百虫；二是水温不得低于15℃，最高不超过35℃。

三、常见病害防治

1. 幼体沉池病

（1）症状　在幼体后期或幼体脱不了壳时，幼体在短时间内大量沉池或浮于池面呈昏迷状，体色由淡红色变成淡蓝色，黑身、烂身，出现大批死亡，此现象多发生于培苗期培育到10～15d。

（2）防治方法

① 对亲虾检疫，减少亲虾带菌传染的机会。

② 注意水质情况，控制好pH和温差，不要变动太大。

③ 注意保持水中适宜的钙离子含量，以免由于钙离子的不足影响脱壳。

2. 细菌性坏死病

（1）症状　细菌性坏死病常见的有黑斑病和烂鳃病。病因是由于几丁质分解，细菌侵入后，受真菌感染所致。病症表现为摄食量下降，残食现象增加，肠道无食物。濒临死亡的虾呈淡蓝色，体表出现黑色斑点，鳃腐烂变黑。

（2）防治方法　主要是保持池水水质良好，加强饲养管理，使用水质改良剂，适当施用生石灰，或用0.3～0.4g/m^3 富氯全池泼洒。

3. 脱壳困难病

（1）症状　主要是不能顺利蜕壳或畸形而致死，病因尚不太清楚，可能是营养性疾病。

（2）防治方法　在饵料中添加藻类或卵磷脂、豆腐均可减少该病发生，也可在虾饵中添加蜕壳素来预防。

4. 烂尾病

（1）症状　感染初期病虾的尾扇有水疱（充满液体而隆起），导致尾扇边缘溃烂、坏死、残缺不全，严重时整个尾扇被蚀掉，还表现断须、断足，体表面有黑色斑点。该病常见。

（2）防治方法　用5～6kg/亩生石灰溶液全池泼洒。

5. 软壳病

（1）症状　病虾甲壳明显变软，体形消瘦，活动减弱，生长缓慢，并有死亡现象。

（2）防治方法　用全价饲料饲喂虾。

6. 硬壳病

（1）症状　全身甲壳变厚变硬，有明显粗糙感，虾壳无光泽，呈黑褐色，生长停滞，有厌食现象。

（2）防治方法

① 调节温度、盐度以刺激蜕壳。

② 当水质或池底底质不良时，应及时大量换水或换池。

7. 黑鳃病

（1）症状 病虾的鳃部颜色由红棕色变成黑色，虾体呼吸困难，导致死亡。

（2）防治方法

① 清除池底污泥，泼洒 15～20g/m^3 底净，改善底质状况，减少病原体繁殖机会。

② 用 0.2g/m^3 甲壳净泼洒。

③ 在饵料中添加充足的水产专用维生素。

8. 有害寄生生物和附生生物

（1）症状 寄生和附生生物是虾类常见致病因子，主要包括丝状或非丝状的细菌、藻类或原生动物。

（2）防治方法 主要是采用抗生素治疗。寄生原生动物，如聚缩虫等用 20×10^{-6}～30×10^{-6} 福尔马林溶液浸浴 24h 后，换 1 次水，连续 2～3 次。

经验介绍 ▶▶罗氏沼虾蜕壳与哪些因素有关

1. 沼虾蜕壳周期与年龄有关

一般幼体蜕壳周期短，成虾周期长。水温适宜时，幼体发育阶段 2～3d 蜕皮一次；幼虾阶段 4～6d 蜕壳一次；到成虾阶段则 7～10d 或 10d 以上蜕壳一次；性成熟的亲虾则相隔 30d 左右才蜕壳一次。

2. 沼虾蜕壳时期与季节有关

罗氏沼虾在塑棚池塘养殖条件下，蜕壳时期为 5～9 月，其中又以 6～9 月上旬为最盛，到 9 月下旬水温明显下降时则很少蜕壳。不过在低温季节，如果人为地提高水温，沼虾照样出现蜕壳现象。同样在高温季节，人为地降低水温，沼虾也能停止蜕壳。

3. 沼虾蜕壳与水温及体质有关

罗氏沼虾蜕壳大部分时间在夜间进行。蜕壳前后均有一段时间不吃食，每次蜕壳的时间视水温和体质强弱有所不同，在适宜条件下，健康的虾约 2min；如在水温低、虾体质弱、附肢缺损等情况下，蜕壳时间较长，甚至因长时间蜕不出而僵死在旧壳中。

4. 沼虾蜕壳与水中溶解氧有关

罗氏沼虾能适应的溶解氧量在 3mg/L 以上。水中含氧量丰富有利于沼虾蜕壳。据观察，每逢沼虾缺氧浮头，蜕壳的软壳虾总是先浮头死亡。因此，虾塘的溶解氧量最好达到 5mg/L 以上。

5. 沼虾蜕壳与水质有关

罗氏沼虾喜清新水质，经常保持水质清新，有利于沼虾蜕壳，经验证明，每当虾塘冲入新水后，便有大量虾蜕壳。

6. 投喂鲜活动物性饵料能促进沼虾蜕壳

罗氏沼虾的食性较杂，一般说来更喜动物性饵料。在人工养殖时如能经常投喂些鲜活的动物性饵料，对罗氏沼虾的蜕壳有很好的促进作用。

7. 钙和磷是虾类蜕壳生长的限制性因素

沼虾一旦缺乏钙和磷，则不能顺利蜕壳生长。蜕壳是罗氏沼虾的一种内在的生理特性。它包含着许多积极的意义，同时也带来了很大的危险。由于罗氏沼虾在蜕壳期间活动能力减弱，特别是侧卧水底进行蜕壳时，虾体差不多呈静止状态，即使蜕壳后数分钟能立起，至少在半日内虾体还很柔软，在这期间罗氏沼虾往往成为肉食性鱼类及同类残食的对象。因此蜕壳会造成很大的伤亡，使沼虾成活率下降。根据这一情况，在养殖时要为沼虾安全蜕壳增设一种安全措施。如在虾塘种植水生植物，或投放一些竹枝、竹筐等，都是一些行之有效的方式。

复习思考题

1. 罗氏沼虾蜕壳时如何加强饲养管理?
2. 罗氏沼虾投饵时有哪些注意事项?
3. 水质管理要点有哪些?

关键技术 3 南美白对虾的养殖

南美白对虾

南美白对虾是当今世界养殖产量最高的三大虾类之一。南美白对虾原产于南美洲太平洋沿岸海域，中国科学院海洋研究所张伟权教授率先由美国引进此虾，并在一九九二年突破了育苗关，从小试到中试直至在全国各地推广养殖。目前我国广东、广西、福建、海南、浙江、山东、河北等省或自治区已逐步推广养殖，天津市汉沽区杨家泊镇有“中国鱼虾之乡”的美称，养殖的南美白对虾世界闻名，养殖技术在国内最为成熟。

一、基本特性

（一）生态习性

南美白对虾常栖息在泥沙底，白昼多匍匐爬行或潜伏底层。夜间活动频繁，喜静怕惊，养至体长 8cm 以上时，夜间腾跳频繁。适宜水温 25～30℃，盐度 28‰～34‰，pH 为 8.0±0.3，人工饲养时水温为 16～35℃（渐变幅度），盐度 0.5‰～40‰（渐变幅度），pH 为 7.3～9.0。由于南美白对虾具有广范围的耐盐性，在海水和淡水中均可养殖。

（二）环境适应力

南美白对虾对环境有很强的适应能力：在湿毛巾包裹下，24h 后存活率为 100%；允许盐度渐变范围为 2‰～78‰；对高温的忍受极限可达 43.5℃（渐变幅度），水温低于 18℃时摄食受到影响，9℃以下侧倒；忍受最低溶解氧值为 1.21mg/L；完全停食下可存活 30d。

二、养殖准备工作

（一）养殖场的选择

1. 池塘标准

池塘选在靠近水源、底质为泥沙底、交通便利、周围 5km 内无“三废”污染的区域。虾池面积 5～10 亩为宜，一般不超过 20 亩，水深在 1.5m 以上，池形为长方形或圆形。虾塘进水与排水要分开，最好备有蓄水池。

2. 池塘清整

将池内积水排净，进行晒池，维修堤坝和进、排水渠，并清除池底的污物、杂物和杂草。清除后翻耕暴晒或反复冲洗，促使有机物分解而排出池外。

3. 消毒除害

虾池经清晒修整后，在放苗前 20d 进行药物消毒，以杀死残留在池底的病原微生物及敌害生物。常用药物为生石灰、漂白粉等，药物的选择和使用剂量根据虾池的具体情况确定，一般为带水消毒，用量为 1.0～2.0kg/m^3 生石灰或 30～50mg/L 漂白粉，杀灭敌害生物、致病生物及携带病原菌的中间宿主。

清塘及水体消毒使用药物的原则如下。

（1）尽量使用不污染环境且成本低的消毒药物。

（2）放养前的清塘及水体消毒，用药浓度宁大勿小，以达到彻底杀灭敌害生物的目的。

（3）放苗前的水体消毒要安排足够的时间，一定要待药性失效后再放入虾苗。

（4）养殖期间的药物消毒要合理掌握药物浓度，既要达到杀灭敌害生物的目的，又不至于伤害对虾。

（5）不盲目施用剧毒农药，特别是残留大的农药。

（二）放苗前的准备

1. 清塘消毒

对于新建的池塘，先进水浸泡，然后进行药物消毒；对老塘或鱼塘改造成的虾塘，先干塘暴晒 20～30d，彻底清除淤泥和杂草再进行消毒。并根据水色和透明度追加肥料或加注新水，使透明度保持在 30～40cm 之间最好。

2. 培养基础饵料

放苗前10～15d，虾塘进水50cm左右，施经充分发酵后的有机肥和微生物制剂培养基础饵料。一般每亩施有机肥100～150kg和肥水灵等生物肥料1～1.5kg。同时，每亩施以尿素1kg、过磷酸钙0.5kg，使塘水透明度在25～30cm，水色呈茶褐色或黄绿色。

3. 池塘盐度的处理

对于纯淡水的池塘，在放苗前1～2d用食盐或海水晶调整池水的盐度。每亩撒投盐和海水晶150～200kg，使塘水盐度达到200g/m^{3}以上，以便放养的虾苗尽快适应环境，提高养殖成活率。

（三）建立暂养设施

育苗厂出售的虾苗属于尚未发育完全的幼体阶段。虾苗淡化程度不够，对环境适应差。为缓冲养殖条件差异，最好把购进的虾苗经过中间培育，又称暂养。

有条件的用户可建立专门的暂养池。无暂养条件的养殖户，可在虾池设置塑料箱作为进一步淡化和缓冲水质条件差异的暂养箱；也可用农膜拦截虾池的一部分，在局部调节水质，逐渐使虾苗适应全池水质。

三、虾苗的选购及放苗

（一）虾苗的鉴别和运输

南美白对虾淡水养殖的虾苗，必须是经5～7d淡化至3‰～5‰盐度，24h后正常吃食的淡化虾苗。池塘放养的虾苗体长0.8～2cm均可，眼观附肢完整、体表光滑、规格整齐、双眼对称、尾扇张开、体壮活跃、透明无脏物、无病灶。鉴别虾苗健康程度的有效方法为抗离水法：从育苗池内随机取一些虾苗，包在拧干的湿布里，10min后，取出放回原水中，如果虾苗仍然存活，则是优质虾苗。

虾苗运输可采用聚乙烯薄膜袋，一个袋内加1/4体积的水，加2g/m^{3}的抗生素，放苗密度为500～1000尾/L，充满氧气（3/4体积的氧气）后扎紧袋口。

（二）暂养池的消毒和水质调整

按常规办法，使用无毒素残留的新型消毒剂，如纳米碘、二溴海因进行池塘消毒。然后用60目以上的筛网过滤，注水至水深50cm，用卤水、工业盐调整暂养池水盐度与所购虾苗池盐度相当。放养温差不超过5℃，一般温差为±2℃。用少量虾试水确认安全后，即可放养虾苗。

（三）缓苗

南美白对虾在自然条件下养殖，需水温达18℃、稳定在16℃以上方可放苗。虾苗运回后，先将虾苗袋放进暂养池里，轻轻地翻动袋子，同时取水“浇淋”袋子。稍后，将一大塑料盆置于暂养池水面上，并装进少许池水，将虾苗慢慢地随水倒进盆子里，这时还要陆续加入池水、排除盆水。片刻，将盆的一边慢慢地提起，让虾苗缓缓流入池水中。虾苗下池完毕，应及时适度加大增氧量。

（四）放养密度

一般粗养每亩放苗 1.5 万～2.5 万尾，精养每亩放苗 5 万～6 万尾，条件好的精养池每亩可放 8 万～10 万尾。工厂化养殖每亩可放苗 20 万～50 万尾，经中间培养后的可适当减少放苗量。

（五）饵料

放苗后，即可投喂南美白对虾专用饲料。前 4d 用 40 目筛网袋洗料全池泼洒，以后直接投喂，投饵量为每万尾虾苗每次投 5～10g，每天 4～5 次，每 2d 递增投饵量 20%。放苗 4d 后，每天加水 5～10cm，10～15d 后虾苗长至 2～3cm 时，在围栏的农膜上划开若干裂缝至池底，7～8d 后即可拆除围栏材料，暂养期结束。

四、淡化养殖管理

（一）基础生物饵料及调控水色

基础饵料繁殖培养多采取增温肥水、保温促饵的方法，需用活水素（微生物肥料）、过磷酸钙或经发酵的鸡粪等肥料肥水，或移植沙蚕、卤虫、贝类、海藻和光合细菌等，水色宜调成浅绿色或黄绿色为好。

（二）投饵管理

1. 饲料要求

南美白对虾不同生长阶段，对食物要求略有差异。幼虾期（5cm 以内）饵料对蛋白质含量要求较高，蛋白质含量应达 40%；中虾期（5～12cm）饵料可相应减少蛋白质与不饱和脂肪酸，蛋白质含量在 30%；成虾期（12～23cm）饵料中的不饱和脂肪酸要求高，蛋白质含量应提高到 35%，尤其在性腺发育期要保证相应比重。

2. 投饵原则

① 投饵要分散，不能过于集中。
② 少喂勤投。
③ 投饵量以 2h 内吃完为宜。
④ 投饵时不要开增氧机。
⑤ 饵料要相对固定，不能随意更换。
⑥ 黎明和傍晚投饵多（60%），中午和午夜少投。
⑦ 沿着池边投饵。
⑧ 在水质不好、溶解氧下降、氨氮和硫化氢含量增高或水温超过 32℃时应减少投饵。
⑨ 对虾蜕皮时少投喂或不投喂，蜕皮 1d 后多投。

3. 投饵方法

（1）投饵场所选择　投饵场所应该根据对虾的活动习性而定。小虾时期多在池塘边浅水域活动，池周0.3～0.5m处是理想的投饵区。随着对虾的成长，对虾逐渐向深水区移动，中期可在0.5～1.0m处投饵，养殖后期应在1.0～1.5m处投饵。切忌在中心沟等深处投饵，因为2m以上的深水区氧气不足，对虾很少在此觅食和栖息。长条形池塘，可在进水端处一段不投饵，作为对虾栖息和缺氧时的避难所。

（2）投饵时间与次数　在养成期间，对虾具有连续摄食的特点，但是，有一定的节律性，每天有两个摄食高峰，分别在18:00～21:00和3:00～7:00，白天9:00～15:00摄食量最低。

为了提高饲料的利用率，减轻残饵对池水的污染，加快对虾的生长速度，养成中、后期可增加投喂次数，夜间投饵占日投饵的60%。投饵时间见表3-1。

表3-1　南美白对虾投饵时间

阶段	投饵时间			
养殖前期	7:00	19:00		
养殖中期	7:00	19:00	23:00	
养殖后期	7:00	12:00	19:00	24:00

（三）水质管理

1. 调水色

“养虾就是养水”已成为广大虾农的经验之谈。养殖过程中要保持基础饵料充足和池内生物群落相对稳定，尽量减少由于水环境的变化对虾苗的刺激和避免因饵料不足影响其生长，要根据水色和饵料生物量的变化及时加水和施肥。养殖前期水色黄绿色，可施过磷酸钙、微生物肥料肥水；中、后期若池水过肥、藻类太多、水色过浓，可用藻菌清杀灭大部分藻类或用清水素（枯草杆菌）澄清水质。

2. 监测水质

每天应对池中的溶氧量、pH、氨氮、亚硝酸盐进行监测。pH应控制在7.8～8.6之间，通常使用全池泼洒生石灰的办法或使用降碱酶、明矾来调节pH；可全池泼洒沸石粉、食盐来减少氨氮、亚硝酸盐含量。

3. 净化池底

养殖中、后期，由于对虾排泄物的沉积以及残饵、浮游生物的代谢分解等原因，池底环境恶化，氨氮、甲烷、硫化氢、二氧化硫等有毒气体浓度超标，对虾的生长受到极大的影响，抵抗力下降，容易感染疾病。这时，建议施用清水素0.25g/m^3或光合细菌2～5g/m^3或芽孢杆菌0.5～1g/m^3等有益生物制剂净化池底，或施用沸石粉吸附。

4. 换水

养殖前期（1个月）只添水，不换水，每次添水5～10cm，加注的新水要经过充分曝气，最好经过贮水池沉淀、消毒后加入池中。养殖中、后期视水质情况换水，每次换水量不超过20%。

（四）日常管理

1. 巡池监测

为了确实掌握病情动态，必须坚持巡池，每天不应少于4次，并做好水质、饲料消耗、虾体状况、池底颜色、渗漏水情况、池内鱼害等情况记录，发现情况及时妥善处理。

2. 解决常见问题

及时分析处理不正常情况，解决随时出现的问题，是养殖成功的重要保证。要注意的问题主要有：浮头现象的判别防治；为消除鱼害中期带虾清池，防除池内有害水草和丝状藻类；养殖池水环境保护和定期测定虾的体长、体重等生物指标。

五、常见病害防治

1. 红体病

（1）症状　发病初期虾尾部变红，继而扩展至泳足和整个腹部，最后头胸部步足均变为红色。病虾行动呆滞，食欲下降或停食，严重时可引起大批死亡。

（2）防治方法

① 用二氧化氯全池泼洒，用量为0.1～0.2mg/L，严重时0.3～0.6mg/L。

② 每千克饵料用磺胺甲噁唑100mg或氟苯尼考10mg拌饵投喂，连用5～7d，第1天药量加倍。预防减半，连用3～5d。

③ 用聚维酮碘全池泼洒（幼虾0.2～0.5mg/L，成虾1～2mg/L）。

（3）注意事项

① 二氧化氯勿用金属容器盛装，勿与其他消毒剂混用。

② 磺胺甲噁唑不能与酸性药物同用。

③ 聚维酮碘勿与金属物品接触，勿与季铵盐类消毒剂直接混合使用。

2. 黑鳃病

（1）症状　病虾鳃丝发黑，局部霉烂，部分病虾伴有头胸甲和腹甲侧面黑斑。患病幼虾活力减弱，在底层缓慢游动，趋光性变弱，变态期延长或不能变态，腹部蜷曲，体色发白，不摄食。成虾患病时常浮于水面，行动迟缓。

（2）防治方法

① 由细菌引起的黑鳃病：每千克饵料用土霉素80mg或氟苯尼考10mg拌饵投喂，连用5～7d，第1天药量加倍。预防减半，连用3～5d。

② 由水中悬浮有机质过多引起的黑鳃病：定期用生石灰15～20mg/L全池泼洒。

（3）注意事项

① 土霉素勿与铝、镁离子及卤素、碳酸氢钠、凝胶合用。

② 生石灰不能与漂白粉、有机氯、重金属盐、有机络合物混用。

3. 黑斑病

（1）症状　病虾的甲壳上出现黑色溃疡斑点，严重时活力大减，或卧于池边处于濒死状态。

（2）防治方法　保持水质清爽，捕捞、运输、放苗带水操作，防止亲虾甲壳受损；发病后用聚维酮碘全池泼洒（幼虾 0.2～0.5mg/L，成虾 1～2mg/L）。

（3）注意事项　聚维酮碘勿与金属物品接触，勿与季铵盐类消毒剂直接合用。

4. 寄生性原虫病

（1）症状　镜检可见累枝虫、聚缩虫、钟虫、壳吸管虫等寄生于虾体表及鳃上。严重时，肉眼可看到一层绒毛物。

（2）防治方法　用 1～3mg/L 硫酸锌全池泼洒。

（3）注意事项　硫酸锌勿用金属容器盛装。使用后注意池塘增氧。

经验介绍　▶▶池塘怎样使用增氧机

通常情况下，采用封闭和半封闭养虾方式时需要使用增氧设备。可用叶轮式或水车式增氧机，增氧机数量根据养殖方式而定，主养池塘一般每千瓦负荷 1～2 亩水面。

但在正常情况下，到 6 月下旬，水温达到 25℃以上时开始启动增氧机，以调活水质、增加池中溶氧量。前期一般每天中午开机，7～8 月份高温季节，坚持全天定时开机，必要时使用增氧剂。此外，在阴天、下雨时均应增加开机时间和次数，使水中的溶解氧始终维持在 5mg/L 以上。但是，在投饲时应停机 0.5～1h，以利对虾摄食。

实践中，在使用传统的叶轮式增氧机的同时，结合使用充气泵效果更好。具体做法如下：每 30～40 亩水面配备一台功率为 2.2kW 的充气泵，与管径 6.35cm 的主管道相连，然后用管径 1cm 的分管道通到各个养虾池塘，再与充气管相连分布到距池岸 1.5m 处，池中设置 1.5kW 叶轮式增氧机 1～2 台。在使用时，管道充气全天进行，叶轮式增氧机在夜间和白天必要时开启。利用充气管道式增氧设施进行养虾的示范场，在养殖过程中无疾病发生，虾苗成活率达 83%，最高单产达到 750kg，南美白对虾规格在 56～60 尾/kg。

复习思考题

1. 南美白对虾的投饵原则
2. 虾池水质净化方法有哪些？
3. 南美白对虾红体病如何防治？

▶▶ 关键技术 4　中华绒螯蟹的养殖

一、场地选择与建造

（一）场地选择

1. 水源充足，水质适用

河蟹养殖水域只要水质适用、水量丰足，一般均可用为水源。如附近有工业废水排放，必须引起重视、对水质加以分析，看有无对河蟹有害的物质，可能的危害包括化学污染和生物污染。水产养殖业对废水的标准已由 WTO 提出，这些准则可以作为水质的临界限值。根据我国《渔业水质标准》与《无公害食品 淡水养殖用水水质》（NY 5051—2001）确定水质是否适用。在充分收集当地的水文、气象、地形、土质等有关资料的同时，要充分结合各季节养蟹生产注、排水措施，确定水源水量是否足用。

2. 地势适当，交通便利

不应片面追求平坦开阔而占用良田，应尽可能选用无工厂、无污染的湖库河岔来建设连片的河蟹无公害养殖基地。这样的地形符合发展无公害养殖的原则，既能充分利用地势，做到自流排灌，又能收到节约投资、事半功倍之效。建场地点的土质，应保证建于其上的养蟹池底部不漏水；挖用的土料，应适于建造坚固的堤坝，不渗漏坍塌。建场的地点，不宜选在距离交通线过远的地方，以利养殖物资及养殖产品运进运出。

（二）池塘建造

1. 面积

池塘人工饲养也应选择较大的水面。面积大，受大气压力作用也大，能自动增氧，有利于上、下水层的对流，改善下层水的溶氧条件，有助于底层有害的气体及时逸出，一般以 $1hm^2$ 左右的池塘较适宜。

2. 水深

饲养河蟹池塘需要一定的水深和蓄水量，池水较深，容水量较大，水温不易改变，水质比较稳定，不易受干旱的影响，对河蟹生长有利。但池水过深，对河蟹和水草的生长是不适宜的。实践证明，常年保水 0.5～1.5m 水深较适宜。蟹池的排灌设施要完善，做到高灌低排，排、灌分开，使蟹池水能灌得进、排得出，不逃蟹，旱涝保收，稳产高产。

3. 地形

地形以东西向、长方形为好，有利于饲养管理和拉网操作，日照长、受风面大。

4. 防逃

河蟹攀爬十分迅速，有很强的逃逸能力。通常养蟹池中一根芦苇、树枝或一个小洞，均能成为河蟹外逃的通道。常有数只在防逃墙边搭“蟹梯”，以利其他蟹逃跑。因此，在成蟹池四周要有牢固可靠的防逃设备，以防河蟹外逃，一般用水泥防光墙、钙塑板、铁皮、尼龙薄膜、玻璃、油毛毡等铺设，从而达到防逃目的。

（三）放养准备

1. 清塘消毒

在养蟹池中，常有野杂鱼、水蛇、水鼠、水生昆虫和各种病原体等有害生物，它们不仅消耗水中的溶氧，而且有些会侵袭河蟹、争夺饲料，故应进行清池。目前常用的清池消毒药物主要有生石灰、漂白粉、茶粕等。清池一般在蟹种放养前10～15d进行，清池方法有干法清池和带水清池两种。如用生石灰干法清池，每亩用量为65～75kg，溶化后全池泼洒。生石灰清池不仅能杀灭水中有害生物，而且能改善池底土质和增加水中钙的含量，这对河蟹的生长发育有重要的作用。此外，清池前还要清除池边的杂草，挖出过多的淤泥，以保持蟹池清洁卫生。

2. 种植水草

水草既是河蟹栖息、避敌蜕壳的场所，也有净化水质的作用，同时还是河蟹喜食的好饲料。在清塘消毒后，池水保持在20～30cm，待水温逐步回升，清塘药物消失后，即行种植水草。

（1）水草品种　品种主要有轮叶黑藻、伊乐藻、苦草等沉水植物。从水草的品质来看，选择轮叶黑藻、伊乐藻为好，苦草次之；从生长季节方面来看，以伊乐藻为佳，其最佳生长季节为春、秋季，可以早种植、早生长，从而可以早放蟹种，尽早饲养管理。

（2）种植方法　轮叶黑藻、伊乐藻以无性繁殖为主，采取切茎分段扦插的方法，每公顷用草量150～250kg，行间距1～1.5m全池栽插。苦草是典型的沉水植物，其种子细小，插种前先用水浸泡10～15h，用擦板搓出草籽，将草籽用泥土拌匀，泼洒即可。苦草既可撒播又可条播，每千克草籽播种0.5hm^2。

（3）种植时间　轮叶黑藻、苦草在3月份。伊乐藻在清塘后或早春。水草种植前，每公顷施用30～45kg复合肥作为基肥，让其快速生长。

（4）覆盖率　水草覆盖率可达30%～35%，以满足河蟹的生活习性。种植轮叶黑藻、苦草等沉水植物的池塘，则需在池塘四周池边1m处设置水花生带，宽度2m。水花生带在蟹种放养后进行设置。

3. 投放螺蛳

活螺蛳肉味鲜美，河蟹喜食，是较理想的优质天然饲料。螺蛳主要摄食水中的浮游生物，可有效降低池塘中浮游生物含量，起到净化水质的作用，利于河蟹生长；螺蛳的价格较低，来源广泛，可明显降低养殖成本，提高养殖经济效益。在6～7月份开始大量繁殖仔螺蛳，仔螺蛳不但鲜嫩，而且营养丰富，利用率较高，河蟹更喜食。池塘投放螺蛳时应该注意进行消毒处理，可用强氯精杀灭螺蛳身上的细菌、原虫，投放时应洗净螺蛳，一般养蟹池塘每公顷投放2000～3000kg螺蛳。

二、苗种选择与饲养

（一）苗种的选择与放养

1. 蟹种选择

选购蟹种要以长江天然苗培育的蟹种或长江水系亲蟹人工繁育苗种培育的扣蟹为最好。蟹种要规格齐全，体质健壮，附肢齐全，无病无伤，爬行活跃敏捷，身上无附着物。同一批选购的蟹种要放入同一池塘或围网中。

2. 放养方法

管理者要严格把好放养关。配套培育的幼蟹如采取三级放养，可于春季前后放入大池；采取二级放养，可在蟹苗放养20d左右、蜕壳两次后从蟹苗培育池移入成蟹池。具体做到："一区""三改""三适"。"一区"，即设置蟹种暂养区，用网围一块养殖区，为大塘面积的1/10～1/5，将优质蟹种放入其中强化培育，待大塘的水草长至占整个塘面50%以上、螺蛳已繁殖一定的数量时再放入大塘饲养；"三改"，即改冬放为春放，改小规格为大规格，改外蟹种为自育蟹种；"三适"，即适当的放养规格、适当的放养时间和适当的放养密度。放养规格一般掌握在每千克80～120只，放养时间宜早不宜迟，放养蟹种要求80%以上为自育蟹种。生产实践证明，自育蟹种的成活率、抗病力及长成规格明显优于外购蟹种。蟹种放养前先用6mg/L的高锰酸钾药液浸泡10～15min，再放入暂养区。

3. 放养密度

对于水源充足、饲料丰富、饲养管理较好的池塘，放养密度一般控制在1只/m^2左右。

4. 放养时间

放养时间一般掌握在2月底至3月。蟹种放养，宜选择天气晴暖、水温较高时进行，以保证蟹种的成活率。

（二）饲料投喂

饲料是养蟹的物质基础，整个生长阶段，一方面可利用池塘中人工培育的水草和其他饲料生物，另一方面大部分饲料还需要人工投喂。

1. 饲料来源

饲料主要从两方面入手：一是水草、螺蛳等基础饲料的培育，二是人工投喂饲料。水草种植覆盖率一般都在70%左右，螺蛳在清明前后，每公顷投喂4500kg左右，8月份补充一次，每公顷投喂1500kg。在人工投喂上，按照"前期精、中间青""荤素搭配、青精结合"的科学投饲原则和"四定""四看"的科学投喂方法进行人工投饲管理。前、后期以动物性饲料和河蟹颗粒饲料为主。中期以植物性饲料和水草、南瓜为主。坚持做到不投喂变质的饲料，及时捞取残饵。

2. 科学投饲

河蟹饵料应根据季节、水质和吃食情况调节。

(1) 夏季主要投喂绿萍、藻沙、水花生等青绿饲料，并投一些煮熟的玉米粉、小麦、少量动物性饵料。秋季以小鱼、小虾、螺蚬、蚌肉等动物性饵料为主，适量喂一些麦麸、南瓜、山芋等。霜降以后可增投一些河蟹全价颗粒饲料，促其体壮、肥满。

(2) 饲料的投喂要做到"四定"。

① 定时。每日投喂时间和次数要相对稳定，一般日投饵2次，在8：00～9：00和16：00～17：00投饵，水温降至10℃以下时每隔3～5d投喂1次。

② 定位。每隔5～10m或每100～300只幼蟹设1个2～3m的食台，食台应相对集中，

饲料要投置在食台上。

③ 定质。投喂的饲料必须新鲜、营养均衡，含河蟹生长必需的各种营养成分，并且适口性要好。

④ 定量。日投饵一般为河蟹总体重的5%～8%，同时可根据天气、温度变化适当调整，每次投饵以2h内吃完为准。投喂鱼、虾、螺、水蚯蚓等鲜活饲料，应冲洗干净，并放在5%的食盐水中浸泡5min，或用50mg/kg高锰酸钾溶液，或100～200mg/kg漂白粉液中浸泡消毒5min。水草、蔬菜等植物性饲料用6～10mg/kg漂白粉液浸泡15～30min。

三、日常管理与病害防治

（一）日常管理

1. 日常工作

日常工作主要包括“六查、六勤”。“六查、六勤”即检查河蟹活动是否正常，勤巡塘，要坚持早、中、晚各巡塘一次；检查养蟹水体是否缺氧，勤做清洁卫生工作，以改善水质；检查池中是否有敌害生物，勤清除敌害生物；检查养蟹池塘中是否有软壳蟹，勤保护软壳蟹，可多投适口大块动物性饲料，使其尽快恢复体力，增强防御敌害能力；检查河蟹是否患病，勤防治蟹病；检查养蟹池的防逃设施是否完备，勤维修保养。此外，在日常工作中，一定要保持蟹池环境的安静舒适，不要过多地干扰河蟹的摄食、蜕壳过程，喂饲料、打扫食场要轻，以提高蜕壳蟹的成活率。同时，还要切实做好养殖池塘档案记录。

2. 常规检测

定期检测养殖河蟹的生物学性状和养殖池塘的水质理化指标，并做好记录。记录内容包括水样的采集、处理与保存。一般采样应能全面代表蟹池水域，最好上午进行；采样次数多少可根据需要而定；采样深度应视水深状况，每隔一定距离采集一层，采取低温保存。渔业水质的分析项目主要应考虑与河蟹养殖关系最密切的若干理化因素。常规的标准分析方法是目前水质分析的主要方法。

（二）病害防治

河蟹病害发生具有季节性，掌握发病规律并在疾病流行前进行药物预防，可起到事半功倍的效果。具体方法如下。

① 每15～20d施用1次生石灰，可预防烂肢病、水肿病、蜕壳障碍症等多种疾病，使用方法是将生石灰化浆后全池泼洒，使池水呈15～20mg/kg的浓度。

② 发现河蟹有聚缩虫、蟹奴、纤毛虫等寄生虫时，可分别用5～10mg/kg福尔马林、3mg/kg硫酸锌（或用0.8～1.0mg/kg强氯精）全池泼洒。

③ 早春和晚秋水温低时，特别是苗种经过长途运输或生长过程中造成机械损伤时，容易患真菌性感染的水霉病，可用0.2～0.3mg/kg的孔雀石绿朝河蟹密集处泼洒。

④ 对水蛇、水老鼠、水蜈蚣等敌害，采取捕杀、毒杀等措施。

经验介绍 ▶▶ 稻田养蟹主要技术要点

稻田养蟹是在稻田养鱼的基础上发展起来的一种新的立体种养模式，稻蟹共生，各得其所。

稻田养蟹对水稻单产影响不大，每亩可产蟹20～30kg，比一般稻田每亩增加收入1000元以上。

其主要技术要点：一是选择好田块，水源方便，水质良好，绝对没有污染，土壤保水性好，能集中连片；二是搞好田间工程，主要是稻田养蟹的沟池，由环沟、田间沟和暂养池三个部分组成。

环沟是养蟹的主要场所，在田块四周堤埂内侧2～3m处挖沟，沟宽1.5m左右、深1m，坡比1∶2，呈环形。

田间沟主要供河蟹爬进稻田觅食、隐蔽用，每隔20～30m开一条横沟或“十”字形沟，沟宽50cm、深60cm，坡比1∶1.5，并与环沟相通。

暂养池主要用于培育幼蟹、暂养蟹种和收获商品蟹，一般开挖在田的一角或一边，池长5～10m、宽2～3m、深1.2～1.5m。

环沟、田间沟和暂养池水面占稻田面积的20%左右。蟹池、蟹沟要中间深、四周浅。如果连片养殖面积大，控制条件好，还可以把周边灌、排水沟利用起来，作为稻田养蟹的暂养池或环沟，以扩大养蟹水域，不减少或不影响稻田面积。

复习思考题

1. 如何做好“六查、六勤”?
2. 稻田养蟹如何开挖环沟、田间沟和暂养池?
3. 养蟹如何设置防逃设施?

模块四 贝类增养殖技术

关键技术1 扇贝的养殖

扇贝

扇贝的养成主要采用筏式养殖的方法，筏式养殖的方式有网笼养殖、串耳吊养、筒养、黏着养殖、网衣包养等。为了改进养殖技术和提高产量，也可以采用扇贝与对虾、海参混养，扇贝与海藻套养、轮养等方法。虾夷扇贝还可以通过底播增殖来提高产量。筏式养殖的首要工作是选择适宜扇贝养成的海区，选择养成海区应考虑以下几个方面。

一、养成海区的选择

（一）底质

平坦的泥底或沙泥底最好，较硬的沙底次之，稀软泥底也可以，凹凸不平的岩礁海底不适合。底质较软的海底，可打橛下筏；较硬的沙底，可采用石砣、铁锚等固定筏架。

（二）盐度

扇贝多属于高盐度贝类，盐度长期过低不但会影响扇贝的生长发育，还能导致扇贝的病害发生引起死亡。因此在河口附近，雨季有大量淡水注入，盐度变化太大的海区是不适合养殖扇贝的。

（三）水深

一般选择水较深的海区，如大潮干潮时水深保持7～8m以上的海区，养殖的网笼以不触碰海底为原则。从目前养殖扇贝肥满度的测试数据来看，水深在10m左右为最佳水深，养殖海区水深太浅，影响养殖笼底层扇贝的生长。特别在夏天，由于水温变化太大、底栖敌害生物多、饵料不足等原因，扇贝成活率偏低，单位面积产量相对较低。

（四）潮流

选择潮流畅通而且风浪不大、养成期间没有或少有季节风威胁的海区。一般选用大潮满潮时流速在10～50cm/s的海区，设置浮筏的数量要根据流速大小来计划。潮流缓慢的海区，要多留航道，加大筏间和区间距，以保证潮流畅通、饵料丰富、代谢物及悬浮海泥沉积少，提高养成扇贝的成活率。

（五）透明度

海水混浊、悬浮泥质太多，使得透明度极低（不足1m）的海区，不适宜扇贝的养成，因容易引起鳃丝粘连而死亡。养殖海区的透明度应该终年保持在2m以上。

（六）水温

扇贝因种类不同，对水温具体要求不一。栉孔扇贝养殖海区，夏季水温不超过26℃，冬季水温不低于－2℃；虾夷扇贝夏季水温不超过22℃，冬季水温不低于－4℃；海湾扇贝是一年生，夏季水温不超过33℃，冬季收获；华贵栉孔扇贝夏季水温不超过32℃，冬季水温不低于10℃。四种养殖扇贝如果水温不适宜会引起大量死亡，引起养殖海区的污染，形成恶性循环。

二、养成方式

（一）筏式养殖

1. 网笼养殖

聚乙烯网笼养成扇贝是目前扇贝养成的主要养殖方法，它是利用聚乙烯网衣及塑料盘制成的数层圆柱网笼，用孔径约1cm塑料圆盘做成隔片，层与层之间间距20～25cm，一般8～10层。笼外用网目2.0～2.5cm的网衣包裹，便构成了一个圆柱形网笼。

目前的圆形养成网笼适合栉孔扇贝和华贵栉孔扇贝的养成，因为它们有足丝，可以互相附着群聚生活；也适合海湾扇贝养成，尽管海湾扇贝没有足丝，但是海湾扇贝生产期短，在海上经4～5个月的养成期后便可以收获；但不适合多年生的虾夷扇贝养成，因为虾夷扇贝成体没有足丝，如果不限制贝体的活动范围，在养殖海区因风、浪、流的因素笼子不停地晃动，造成贝体互相碰撞摩擦，贝壳极易损伤或贝体“相咬”而死亡。因此，在养殖虾夷扇贝的圆笼内，用网衣形成间隔，每格放养一个扇贝，这种“蜂窝式”养成方式解决了虾夷扇贝多年生长的养成方式。虾夷扇贝的养成笼一般直径35cm，每层塑料盘用旧网衣间隔成8～10格，每格放养壳高4cm以上的虾夷扇贝1个，其生长速度极快，2～2.5壳高能达到9～10cm以上。

在生产过程中还经常使用网目0.8～1.2cm的一次性聚丙烯挤塑网衣，用挤塑网衣外罩在养成网笼外面。养成笼可以一次性放养壳高1cm的苗种，待苗种壳高达2.5～3.0cm时，因外罩网目太小阻碍水流流速、影响扇贝滤食，可去掉外罩，帮助苗种快速生长，节省分苗稀养的劳力，提高单位面积产量。这种方法把暂养笼和养成笼结合起来，有利于提高扇贝的生长速度。

2. 串耳吊养

该方法是在壳高 3cm 以上的健壮扇贝的前耳基部，用电钻钻成孔径 1.5～2.0mm 的小孔，利用直径 0.7～0.8mm 尼龙线或 3×5 单丝的聚乙烯线穿过扇贝前耳，再系于主干绳上垂养。主干绳一般利用直径 2～3cm 的棕绳或直径 0.6～1cm 的聚乙烯绳。每小串可串 10 个左右小扇贝，串间距为 20cm 左右。每一主干绳可挂 20～30 串，每亩可垂挂 500 绳左右。

3. 筒养

筒养是根据扇贝的生活习性和栖息的自然规律而发展形成的一种养殖方法。利用直径 20～25cm、长 60～70cm 的塑料筒，筒壁一般厚 2～3mm，两端用网目 1～2cm 的网衣扎口进行养殖。筒身前后有扣鼻，可吊挂在浮埂上，3～5 筒连成一组，筒顺流平挂于 1～5m 的水层中，每桶可放养幼贝数百个。

4. 黏着养殖

我国黏着养殖技术由日本引进。黏着养殖采用无毒环氧树脂作黏着剂，用直径 2～3cm 的棕绳、胶带、聚乙烯绳或聚丙烯绳做黏着基质，选用壳高 2～3cm 苗种，一个个黏着在基质上。扇贝黏着时，扇贝的足丝孔向着附着基质，扇贝的壳顶韧带腹面做黏着部位。

5. 网衣包养

网衣包是用网目 2cm 的正方形聚乙烯网衣四角对合而成。吊绳从包心穿入，包顶与包底固定在吊绳，顶、底相距 15～20cm，包间距 7～10cm，每根吊绳 10 包，每包装苗种 20 个，每根吊绳贝苗 200 个，挂于浮筏架上养成，挂养水层 2～3m。操作时，先将三个包角固定在吊绳上，在装入苗种后将第四角扎紧封口。

（二）扇贝的其他养殖模式

1. 海湾扇贝与对虾混养

在对虾养成池混养海湾扇贝，要求虾池盐度在 23‰以上，不受淡水冲击。较硬的泥沙底质虾池，较适宜海湾扇贝底播；如底质为软泥，可利用虾池水沟深水处和进出水流闸门两侧，吊养海湾扇贝。虾、贝混养投资少，效益高，不需要或只要少量器材设备。海湾扇贝与对虾混养，可起到互利互补的作用。海湾扇贝摄食虾池中的浮游植物、残饵碎屑，可净化虾池水质，减少疾病的发生，提高对虾的成活率；加快对虾的生长速度，提高了对虾的产量；同时也增加了海湾扇贝的收入。

虾池底播海湾扇贝的密度为 10～15 个/m^2，底播贝苗规格以壳高 1.5～2.0cm 为宜。底播面积约占虾池面积的 1/3。一般扇贝成活率可达 80%～90%，每亩可收获鲜贝 200～300kg。

虾池吊养海湾扇贝因受水深限制，仅能利用 1/3 的水面积，养殖笼层一般为 3～5 层。虾池吊养的扇贝，生长快，个体大，壳宽厚，鲜柱出成率高，每粒鲜柱重可达 4～6g，最重可达 8g，且鲜柱味道较海养鲜柱鲜美。但由于对虾收获较早，缩短扇贝生长期，吊养扇贝仅能作为副产品收入。

2. 扇贝与海参混养

栉孔扇贝与海参混养也是一种增产措施。在笼养扇贝的每层笼内放养 2～4 头稚参，每亩能收获干参 10～15kg。扇贝与海参混养是互补双赢的措施。扇贝的粪便、网笼圆盘上沉积的浮泥杂藻都能做杂食性海参的有机饵料，海参成为网笼内的“清道夫”，改变了笼内的水流环境，增加水流速度。但这种混养仅能在内湾海区进行，在外海风浪大、流速急的海区不易进行。

3. 海湾扇贝与海带轮养

根据海湾扇贝与海带生长季节的不同，充分利用同一海区的筏架进行轮养。海湾扇贝生长速度快，从 6 月分苗，至 11 月份便可收获；而海带是每年 11 月分苗，次年 6 月份收获。因此夏、秋养殖海湾扇贝，冬、春养殖海带，可提高养殖海区和养殖筏架的利用率，在提高经济效益的同时，又优化了养殖海区的生态环境。

4. 扇贝与海藻套养

海带与裙带菜采用浅水层平挂养殖时，栉孔扇贝同时筏式垂挂，贝、藻套养有利于扇贝和藻类的生长，是科学利用海区和设施的好方法。贝、藻套养有三种形式：区间套养，1～2 个区养海带，1 个区养扇贝；筏间套养，2～3 行浮埂养海带，1 行浮埂养扇贝；绳间套养，2～3 绳养海带，1 绳养扇贝。相比较，区间套养管理最方便，但成本高；筏间套养效果最好；绳间套养，极易相互缠绕、磨损，管理不方便。

5. 扇贝的底播增殖

将人工培养的苗种经幼贝（中间）培育至壳高为 3cm 左右的幼贝，向海域中底播增殖，利用海域的初级生产力，生长达到商品规格，再进行采捕上市，这种养成方式称为底播增殖。栉孔扇贝和虾夷扇贝都可以进行底播增殖。扇贝底播增殖是一种投资少、成本低、操作简便、经济效益高的生产方式。

（1）增殖海区的选择　虾夷扇贝是冷水性贝类，根据其生态习性，要选择夏季最高水温不超过 26℃，23℃水温持续时间较短的海区；选择适宜的海底，要求粒径 1mm 以上的粗沙砾占 70%以上，直径 1mm 的细沙占 30%以下；枯潮时，水深 20～30m；选择透明度大、海星等敌害生物少的海区。

（2）放苗　目前底播所用的扇贝苗种规格为 3cm 以上的幼贝。选择形状规则、健壮的个体作为底播贝种，是提高成活率的关键。底播时间一般为当年的 11 月下旬至 12 月中旬，此时气温低，有利于贝种的运输。在水温 13℃左右播种，缓苗期短，成活率高。底播时，将选择好的贝种装船运到底播海区，在限定的海区范围内，边行船、边均匀地向海底播撒。苗种播撒密度是影响成活率的重要因素之一，密度越大，存活率越低；反之，密度越小，则存活率越高。根据实验，较合理的底播密度为 8 个/m^2。

放苗 18 个月后，壳高可达 10cm，个体体重可达 150g；20～21 个月后，壳高可达 11cm，体重可达 170g 左右，回捕率约为 20%。

三、养成管理

（一）不同时期苗种稀疏暂养

扇贝壳高从0.5～2.5cm都称为苗种，但从0.5cm养至2.5cm要经过2～3次分苗稀养。壳高0.5cm时可以用20～30目网袋暂养，网袋规格40cm×50cm，袋内放置50g左右的附着基支撑网袋、加大空间、增加流水量，或用塑料框架支撑网袋，每袋放苗500～1000粒；壳高1.0～1.5cm时进行稀疏，置苗种暂养笼暂养，每层放养100～200粒；养至壳高2.5～3cm时进行养成笼养成。

（二）合理控制放养密度

扇贝苗种进入养成笼时，应根据生长情况，适时调整其放养密度。密度过大，贝与贝之间互相接触碰撞、"相咬"，容易损坏外套膜，产生畸形贝；同时，对于个体而言，得到的饵料减少，因而影响生长。因此，要掌握合理的放养密度，如虾夷扇贝初进养成笼时，密度为16～18个/层（11月份）；5个月后倒笼，进行分苗，密度为10个/层；再过3～4个月，再进行分苗，密度为5个/层。

（三）调节放养水层

网笼和串耳等养殖方法，养殖水层要随着不同季节、水温和附着生物群做适当调整。水温低于10℃应提升水层至1m左右，高温季节水层下降至3～5m以下。为减少杂藻附着及敌害生物附着，如3～4月份贻贝附着期、6～7月份牡蛎附着期，在附着盛期过后倒笼清笼，海湾扇贝分苗养成应在牡蛎附着期以后进行。

（四）及时清除附着生物和更换网目

附着生物不仅大量附着在扇贝体上，还附着在养殖器材上，给虾夷扇贝的养成造成不利影响。附着生物与扇贝争食饵料，堵塞养殖网笼的网目，妨碍贝壳开闭运动，又因水流不畅影响滤食，致使扇贝生长缓慢。因此要及时清刷网笼，清除附着生物，但要避免在严冬和高温季节操作。随着扇贝的生长，附着和固着生物的增生，水流交换不畅，因此应及时做好更换网笼和筒养网目的工作。

（五）倒笼、换笼

倒笼是彻底清洗网笼的最好办法。在网笼外附着生物过多、杂藻不易清除时和笼内敌害生物量大的时候进行倒笼换笼。这种方法清除彻底、操作方便、离水时间短、不易损伤扇贝，换笼以后扇贝明显快速生长。栉孔扇贝、虾夷扇贝在养成期间应倒笼2～3次，海湾扇贝在高温期以后应倒笼1次，这是海湾扇贝促生长、促肥的最佳措施。

（六）确保养殖生产安全

在养殖期间，由于个体不断长大，需及时调整浮力，防止浮架下沉，要勤观察架子和吊绳是否安全，发现问题及时采取措施补救。做好防风工作，以免台风季节筏身、网笼受到损失。

经验介绍　▶▶笼养各种扇贝的养成工艺流程

1. 栉孔扇贝

5月上、中旬常温人工育苗→6月中、下旬出库→7～8月海上保苗（双网笼方法），稚贝暂养、分苗，苗种稀疏在20目网袋暂养→9～10月苗种壳高2cm左右，暂养笼暂养苗种（中间育成）→10～11月苗种壳高3cm→养成笼养成→翌年3～4月壳高3～4cm，倒笼、清理敌害生物→6～7月倒笼、清理，壳高4～5cm→8～9月深挂度夏→12月壳高6cm以上，80%达商品贝，收获。

2. 虾夷扇贝

1～2月亲贝升温育肥，性腺促熟→3～4月升温人工育苗→4～6月一级培育，壳高0.6～3mm稚贝→6～7月二级培育，壳高3～5mm稚贝→7～11月三级培育，壳高0.5～3cm→11月至翌年4月幼贝越冬，底播养成或“蜂窝”式养成、笼筏式养成，壳高3～5cm→4～7月春季生长期，壳高5～7cm→7～9月倒笼、度夏→10～12月壳高8～10cm收获，或越冬第三年3～5月壳高10～12cm收获。

3. 海湾扇贝

2～3月亲贝入池，控温育肥，促进性腺成熟→3～4月控温人工育苗→4～6月稚贝壳高400～600μm出库，海上过渡，暂养至壳高0.5cm→6～8月壳高1.5～2cm，苗种中间育成；壳高2cm以上，暂养笼暂养→9～10月分苗，养成笼养成→11～12月壳高5～6cm，商品贝收获。

复习思考题

1. 养殖过程中为什么要及时清除附着物？
2. 扇贝的养成管理期如何调节放养水层？
3. 如何选择扇贝养成海区？

▶▶ 关键技术2　缢蛏的养殖

自蛏苗播种后养到商品蛏，这一过程称为养成。缢蛏养成在我国主要有滩涂养殖和蓄水养殖两种方法。

一、滩涂养殖

（一）养殖场所的选择

（1）地形　缢蛏养成场所应选择在风平浪静、有淡水注入、滩面平坦的内湾及河口附近的海区。

（2）底质　底质表层有3cm左右的软泥，中层有20～30cm的泥沙混合层，底层为沙质，这种底质结构有利于蛏苗钻土穴居。

（3）潮区　缢蛏养殖区应选择在中潮区的中、下部和低潮区上部，这是因为这一区域露空时间相对较短，摄食时间长，栖息环境也较稳定；便于生产管理及观察，亦便于播种和收成。

（4）潮流　海区潮流畅通、饵料丰富，缢蛏生长较快。所以，只要潮流不影响滩面的稳定，则流速大些较好，一般要求40cm/s以上。

（5）盐度　缢蛏生长良好的海水相对密度为1.010～1.020，一般要求为1.005～1.022。

（6）水质　养殖海区不能有工农业污染源。

（二）养成场地的整理

养成场地的整理普遍采用整埕法。整埕工作包括翻锄、耙埕和平埕3个步骤。整埕工作在播苗前2d完成。

在河口附近的养成场所，为了防止洪水或风浪的冲击，应在埕地四周筑堤用于防护。筑堤时挖土深30cm左右，宽50cm，随即把芒草（蕨类植物芝藤草）成束直立插下（直芒），接着用一束芒草横置土中（横芒），横芒与直芒成45°交角，然后推上沙土，芒草上端露出埕面30cm左右，称为芒堤。芒堤要建得笔直、高低一致、厚薄均匀，使它对洪水和风浪的冲击抗力均匀，以免芒堤承受压力不等而被冲出缺口。同时，为了防止山洪自养殖区上方灌入，必须在上端筑堤，同时挖水沟引淡水入海，以此来保护埕面不受破坏。

（三）蛏苗的选择与播苗

1. 蛏苗选择

商品蛏苗壳长一般在1.0cm以上（1000～2000个/kg）。锄洗的蛏苗因当天收成，苗体较壮；而筛洗、荡洗的蛏苗因经过数次叠土，体质较差。蛏苗质量的好坏对运输成活率和养殖产量有明显的影响。蛏苗质量可从表4-1所示的几个方面来鉴别优劣。

表4-1　蛏苗质量的鉴别

内容	优质苗	劣质苗
外观	两壳合抱自然，壳缘完整，个体大小整齐	两壳松弛，壳缘有破损，个体参差不齐
探声	振动苗筐，蛏苗反应敏捷且发出整齐的“嚓嚓”声响，再振无声响反应	振动苗筐，蛏苗发出不齐的“嚓嚓”声响，再振仍有声响反应
活力	将苗置于埕面，能很快伸足并钻入埕面	钻入埕面的时间超过20min
杂质	苗体清洁，泥沙等杂质少，死苗、碎壳苗低于5%	泥沙等杂质多，死苗、碎壳苗超过5%

2. 蛏苗运输

蛏苗多用箩筐或塑料筐装运，每筐装25kg左右，装苗量不要超出筐面，以上下筐重叠时不会压苗为宜。筐与筐之间应紧靠，不能留有间隙，以免运输过程中因颠簸振动而倾倒。

蛏苗运输途中应注意以下几个方面。

（1）保湿 运输时间较长的，途中每隔2～3h用干净海水淋苗1次，保持苗体湿润。

（2）加盖 不论车运或船运都要加蓬加盖，以免日晒雨淋。

（3）通风 车厢或船舱都不能密闭，防止蛏苗窒息死亡，但也不能吹风。

（4）降温 此外，贝类苗种或成体运输时，还应注意保持低温，尤其是夏季气温高时更要采用降温措施。可在车厢或船舱内设置一些冰桶或冰袋，使车厢或船舱内的气温保持在10～15℃。因蛏苗的运输、播种季节一般是在春节前后，此时气温较低，可不考虑此项因素。

3. 播苗

（1）播苗时间 福建沿海1～2月就可出苗播种，浙江沿海可延长到3～4月后播种。若播苗太迟，蛏苗个体大，养殖成本高。播苗时间与潮汐有关，大潮期间因干露时间长，无论采苗还是播种都较有利，可以当天采苗、当天播种；小潮则大多要隔日才能播苗。

（2）播苗方法 蛏苗的播种方法有两种，分为“撒播”和“抛播”。在埕面狭窄的软泥质一般采用“撒播”，撒播时把盛蛏苗的竹筐放在泥面上，推到埕间沟中，然后左右两手同时轻轻地抓起蛏苗，掌心向上用力向埕上撒去。抛播适用于埕面较宽的蛏埕，抛播时左手持苗筐，右手轻抓蛏苗，掌心向前，五个手指紧密相靠，用力向上往前呈弧形向埕面抛去。

播种要求均匀，除在播种过程中认真操作外，还应留下15%左右的蛏苗，补在播得较稀的地方。

（3）播苗密度 播苗密度依据蛏埕底质硬软、潮区高低和蛏苗个体大小而定。底质硬的比软的要多播30%左右；潮区低的播种量要适当增加；苗种大的单位播苗的苗重要增加，而个体数量可适当减少。一般沙泥埕每亩播种1.0cm大小的苗100万个；泥沙埕70万～80万个；软泥埕地50万～60万个。

（4）播苗注意事项

① 苗运到后应放在阴凉处1h左右，然后把苗挑到海边在海水中洗涤，最后用筛把苗分成两个不同的规格，分别放养。

② 潮水涨到养殖埕地前0.5h应停止播种，否则尚未潜穴的蛏苗会被潮水冲走而损失。

③ 雨季海水密度下降，蛏苗钻穴慢，应在埕地上撒盐提高盐度，用量7～13kg/亩。

④ 播苗时如果适逢降雨，要用耙将埕面耙一遍，再播苗，然后用荡板把埕土推平，将蛏苗覆盖在土中，以利于蛏苗潜穴。

4. 养成期间的管理

“三分苗，七分管”，这一俗谚确切地道出了管理工作的重要性。缢蛏播种后管理者要经常下埕巡视，进行补种蛏苗、清沟盖埕、修补堤坝、防止人为损害等项工作。

（1）补苗 蛏苗播种后1～2d要下埕检查是否有空埕或漏播，发现后应及时补播，以免影响养殖产量。

（2）防积水 水沟被堵塞会使埕面积水，埕面积水处经烈日暴晒，水温上升会导致缢蛏死亡；大量雨水积蓄在埕地也会导致缢蛏死亡。所以管理者要及时修补堤坝、疏通水沟、平整埕面。

（3）清沟盖埕 清沟盖埕一般每月两次，在小潮期间进行，即挖起蛏埕水沟中的淤泥盖到埕面上。清沟盖埕有利于底栖硅藻的繁殖生长，从而促进缢蛏生长，提高成活率。

（4）勤巡埕 管理者在养殖期间，要经常下到埕地巡查、驱除敌害生物。

(5) 防治敌害　缢蛏的敌害生物主要有蛇鳗、裸赢蜚、玉螺和章鱼等，应加以防范。

二、蓄水养殖

蓄水养殖（包括蓄水养殖泥蚶、蛤仔等埋栖型贝类）是福建、浙江、广东等省目前常见的一种缢蛏养殖生产方法。蓄水养蛏选择的养殖海区与滩涂养殖的相同，养殖蛏塘建设在选定的养殖区的中、高潮区交界处。

（一）蛏塘构造

1. 蛏塘面积

蛏塘面积以 1～3hm^2 为宜，太小滩涂利用低、太大管理不便。

2. 塘堤

蛏塘四周筑土堤。堤的宽度、高度根据地形、底质而定，在风浪较大、底质较软处，塘堤应宽些。一般堤高 1m，堤底宽 3m，坡度 1∶1。塘堤要分潮建造，待新建的塘堤泥土干硬后再行加高。

3. 环沟

在塘堤与埕面之间挖一条宽 2m、深 50cm 左右绕埕地的环沟。环沟对海水进入埕塘有缓冲作用，可保护埕面稳定，在盛夏和严冬还能起调节水温的作用，有利于缢蛏的生长。

4. 进、出水口

水口宽 2m，比堤面低 30～50cm，上面铺石板。退潮时多余的海水从此口溢出，使塘内保持所需的水位。水口一般开在蛏塘风浪小的侧堤上段，水口处若底质软、水流急的应用石砌，以免泥土流失决堤。

5. 埕面

环沟的内侧就是用来养蛏的埕面。

（二）整埕播种与管理

1. 整埕

将埕面锄翻整成 3～5m 宽的蛏埕，长度依蛏塘大小及地形而定，一般在 10～20m。蛏埕间隔以宽 30～40cm 水沟，连成一片。蛏埕走向一般与岸线垂直，由高到低，以利排水。涂面整成畦后，经耙细抹光便可播种。整埕方法与滩涂养殖的基本相同。

2. 播种

蓄水养殖的蛏埕较窄，播种方法一般采用撒播。由于缢蛏生长快、养殖敌害生物少，所以每亩仅播蛏苗 10 万～15 万个。

3. 防护管理

蓄水养殖埕地潮区较高，敌害生物少，管理较为方便，日常管理工作主要如下。

(1) 修补塘堤　土堤在风浪冲击、雨水冲刷下可能会软化，甚至被冲出缺口，塘堤倒塌。为此，管理者要经常巡视、及时修补塘堤，以免破损扩大，造成决堤、溃堤。

(2) 清除敌害　鱼虾、青蟹等随潮水进入塘内，潜居于环沟中，可侵入蛏埕为害。为此，可在大潮前几天下午排干塘水（半个月一次），捕捉除害。排水除害同时也是一项很好的副业收入。

4. 蓄水养蛏的优点

① 蓄水养蛏利用了大片高潮区荒废滩涂，扩大了滩涂养殖面积。

② 蓄水养蛏的敌害少（因有筛网过滤），苗种存活率高，可大大节约苗种。

③ 蓄水养蛏由于缢蛏摄食时间长，而且土塘因可施肥而饵料丰富，所以大大提高了缢蛏的生长速度，缩短了养殖周期，可实现稳产高产，一般比滩涂养殖增产30%～40%。

④ 蓄水养殖的缢蛏钻穴较浅，起捕方便。

5. 蓄水养蛏的缺点

蓄水养殖蛏需要筑堤，花费功夫大，成本较高。

经验介绍 ▶▶缢蛏无公害生态混养模式

一、鱼、藻、蛏间养

鱼、藻、蛏间养的生态养殖技术是采用生物防治法，利用海水鱼养殖代谢产物、残饵培育藻类，不仅可降低氨氮、净化水质，且有益藻占据生长优势可抑制病原菌繁衍，鱼、蛏基本不发生病害，达到不用药的目的，确保养殖鱼类质量安全。根据各品种生长速度有效安排养殖比例，达到最佳养殖比，鱼、藻、蛏比例以1∶1∶2为宜。

(一) 鱼类养殖

鱼类选择生长速度快、耐高温、耗氧量低、病害少的品种，如美国红鱼、漠斑牙鲆、鲈、黑鲷等品种，可搭配混养大黄鱼。饵料使用冰鲜鱼或配合饲料均可，经试验对比使用配合饲料对藻类培养效果较佳，推荐使用浮性配合饲料，每亩可养成鱼1000kg。

(二) 藻类培养

缢蛏养殖关键技术在于培养藻水（俗称水色），应加强日常观察，水色以黄褐色最佳，黄绿色次之，水色过清或发现丝状杂藻生长应排水晒池后重新培养。当鱼池藻类培养到一定浓度时，引入专用藻类培养池进行强化培育。根据藻水浓度用碳酸氢铵与过磷酸钙追肥，一般每亩施碳酸氢铵3kg、过磷酸钙1kg，以清晨施用为佳。冬、春季节水温低、气候差时可施微生态制剂等有机肥，如每亩可施培藻营养素5～10kg、营养液50～100g，配合发酵后使用；也可将大豆磨浆或贝类配合饲料投放以培育水质。

（三）缢蛏间养

缢蛏放养前准备工作就绪后，投放同一批规格整齐的优质野生苗种，将高浓度饵料引入缢蛏培养池，缢蛏养殖不再另行施肥、投饵。饵料浓度根据缢蛏摄食情况引入鱼池水调节。此法养殖缢蛏饵料充足，缢蛏生长速度快、产量高、成本低，可循环养殖，即边收边养，有效避免了直接施肥对缢蛏质量的影响，确保产品的绿色、无公害化。

二、蛏、虾、蟹混养

每月大部分时间均可进水、水位保持在 80cm 以上的池塘可适当混养对虾、梭子蟹、海水鱼等，以提高池塘综合效益。对虾、梭子蟹于 5 月中旬投苗，虾苗每亩投 4000～6000 尾，不必投饵，成活率可达 50%以上，至白露收获；混养蟹类，每亩投蟹苗 1000～2000 尾，苗期饵料可投喂“乌年”，后期需在畦面盖网以避免蟹类影响蛏的养殖，饵料投喂鲜杂鱼，至春节前收获。

复习思考题

1. 如何选择缢蛏理想的栖息地？为什么？
2. 整埕分几个步骤？其作用是什么？
3. 蛏苗运输途中应注意的事项有哪些？
4. 蓄水养蛏有何优点？

模块五 其他经济水产品养殖技术

关键技术1 刺参养殖

一、生物学特征

（一）形态特征与环境要求

刺参形态

刺参又名沙巽，刺参科。刺参体长20～40cm，呈圆筒形，背面隆起，体形大小、颜色和肉刺的多寡随生活环境而异，生活于岩石底和水温较低海区的个体，肉刺较多且大，体壁较肥厚，体色为黄褐或深褐色。自然海区，刺参适宜生活在水质澄清、潮流通畅、饵料丰富的海区，但在短时期风浪较大、水质混浊的海区亦能生存。

（1）水温　刺参在－3～34℃时都能生存，最适生长温度12～18℃，超过27℃则进入夏眠状态，低于5℃则停止生长。高温对夏眠的刺参没有影响，事实证明，夏季34～36℃时刺参亦能正常度过；在不结冰的低温情况下，刺参亦不会冻伤，温度回升便正常生长。

（2）盐度　刺参对盐度的要求为18‰～33‰。夏季，特别是雨季，刺参在低盐度情况下，因已进入夏眠期，不会死亡；在正常生长的温度条件下，盐度在18‰左右，在短时期内不会对刺参有很大影响。

（3）底质　较硬的泥沙底质适于刺参的生长，在有岩石、礁石及水草、海藻丰富的海区更佳。北方养虾池达到上述底质条件是少见的，但在人为条件下，完全可以把不良底质改造，使之适宜刺参生长。

（二）刺参的食性

刺参栖息于水深3～15m处，活动能力较弱，饵料为泥沙中的有机质和小型动、植物，如硅藻、原生动物、腹足类以及石莼等。刺参不耐高温，夏季休眠，冬季行动活跃。其产卵期因水温而异，一般从5月中旬至7月上旬，产卵水温在18～20℃，受精卵发育成稚参约需 20d。水温超过 27℃时，刺参即开始夏眠，移至较深的岩礁阴暗处，停止摄食和运动。刺参的再生能力很强。

二、大棚人工育苗、保苗技术

该技术不但能够解决海参抗病能力低的问题，改善刺参天然资源在人类大量采捕下日渐衰竭的情况，而且会使海洋环境得到恢复和改善，是沿海渔民增加收入的重要途径。每个大棚以投资 30 万元计算，年最低毛收入可达 65 万元，纯利达 30 余万元，经济效益非常可观。该技术在沿海地区推广应用具有非常重大的意义。

（一）育苗大棚位置的选择

海参育苗大棚的位置应选择在靠近海边、地势稍高的地方，并且交通方便、海水清新、风浪小、无污染的海岸，以方便抽取海水、排放废水。海水取水口处要求海水清洁、无污染、无杂物；取水水泵、水龙头用滤网罩住，减少藻类和其他有害物质的进入。

大棚为东西走向，棚顶盖草帘，利于遮光保温。一般大棚建筑面积 1000m^2 左右。大棚内水泥池长方形，长宽比为 3∶2，池深 1.5m 左右，每池有效水体面积为 20m^2 左右，便于操作管理。与大棚配套的设施有沙滤罐和进、排水系统，包括海水井。育苗、保苗水池定期排放废水的排污口应远离取水口，距离不少于 50m。

大棚内水池是地上式结构，根据养殖的需要，水池必须满足不渗漏的要求，因此池底、池底与池壁连接处的防渗处理尤为重要。大棚施工结束后，夯实棚内地面并铺设 10cm 厚碎石垫层，然后采用 C20 混凝土现场浇筑地面。

（二）设计施工（以 300m^2 水体大棚为例）

1. 育苗大棚尺寸

大棚外墙用空心砖（40cm×20cm×19cm）砌筑，棚内净长 35m，净宽 12m，棚入口高 2.2m，最大拱顶高度 4m。大棚长边侧墙留有铝合金窗，每侧 6 个，短边山墙无门窗。大棚棚顶采用钢筋弓形梁构造，跨度 12m，上用整张黑色塑料布罩住，塑料布上铺草帘子并牢牢固定，以防大风毁坏。

2. 棚内水池尺寸

水池四周墙壁用砖（24cm×12cm×5cm）砌筑，70 号水泥砂浆勾缝，墙体厚度 25cm。水池内间隔出的小池墙体厚 13cm，水池沿大棚宽度一分为二，对称布置，中间为人行道兼排水通道。每个小水池净长 5m，净宽 2m，池深视育苗、保苗而定。若育苗兼保苗则池深 1.2～1.8m，一般取 1.5m；若只保苗则池深 0.8m 即可。每个小水池都预留进水口和排水口，进水口在靠外墙一侧，排水口在靠人行道一侧，排水口距池底 3cm，各有阀门控制。小水池之间互不相通，各自独立，300m^2 水体可布设小水池 30 个。采用“五层作业面法”进行抹面处理，严防渗漏。两排小水池之间为人行道兼排水通道，宽 0.8～1m。

3. 锅炉房

冬、春季由于气温、水温低，不利于育苗、保苗，因此应修建供热锅炉房，向棚内供暖，以保证水温在 15～16℃，利于海参苗的健康成长。采暖散热片可安装成壁挂式或直接放入水池中。供热形式用水暖、气暖均可。

4. 海水井

为减少投资，可在适当位置钻一眼海水井，如钻一眼 70～80m 深的海水井供暖，比烧锅炉节省开支。海水井内海水温度常年为 15～16℃，接近恒温，这一温度正是海参生长最旺盛的温度。抽取海水井中的恒温水直接输送到大棚内的水池中，循环往复，这样既有利于海参苗的生长，又可大幅度降低成本，还可解决锅炉供暖水温不好控制的问题，方法切实可行。

5. 输水管路、排水管路

沿大棚两个长边的水池墙顶固定铺设直径 100mm 的 PVC 管，并按水池的数量分设三通短管，向水池内输水，各三通管都有阀门控制。有的养殖者为减少投资，用移动式软管代替固定管向各水池内分别输水。人行道兼做室内排水通道。出口在大棚山墙一侧（施工时已经预留了进、出水口），排出的废水经棚外排水管（直径 150mm）排到远离海水取水口的海里。

6. 水池内育苗、保苗筐的放置

标准海参育苗筐为白色塑料筐，呈四棱台体状，上口尺寸 43cm×40cm，下口尺寸 33cm×30cm，高 40cm。小水池内一般放筐 3～5 排，每排 12 个，筐顶与水面相距 40cm，水深不宜太大，否则海参苗经受不住太大的水压易死苗。育苗时，沿水深挂 2 层，底层筐直接挂放在池底，上层筐距之 20～30cm，一般每个小池以挂 50～60 个为宜；保苗时，只挂 1 层。

三、稚参饲养管理要点

（一）对水体环境的要求

1. 盐度

刺参生活的最大盐度为 15‰～33‰。体长 4mm 的稚参，适盐下限为 20‰～25‰，稚幼参发育适宜范围为 26‰～32‰。刺参保苗正处于夏季多雨季节，极易在短期内造成盐度急剧下降，尤其是一些靠近河口的大棚和受上游淡水影响较大的海水井，雨季要经常测量海水盐度，避免因抽入低盐度海水而造成保苗损失。

2. 水温

刺参在自然海区内 27℃以上即进入夏眠状态。稚参的最高生长温度为 24～26℃，长期

处于27℃以上则停止生长甚至大量死亡。调控水温的主要方法是利用地下海水，龙口地区地下海水的温度，一般夏季18℃左右，冬季14℃左右；辽宁沿海地下海水温度在12～15℃。

3. 水质

稚参及幼参培育正值高温季节，海水中的溶解氧量降低，原生动物、微生物、桡足类等大量繁殖，水质条件不稳定。所以稚参及幼参培育初期都要用沙滤水。

(1) 换水　夏季高温季节日换水2～3个全量，有条件的最好常流水；冬季日换水1个全量。

(2) 倒池　夏季高温季节4～6d倒池1次，冬季10d左右倒池1次，倒池后要进行严格消毒处理方可使用。

（二）稚参苗购进与暂养

1. 稚参苗的购进与运输

(1) 应选择附苗量均匀、规格整齐、镜检无畸形且无病变的稚参，大小最好为2～4mm。

(2) 运输一般采用干运法，连同育苗场的附着基及框架一起运回。运输时应避免光照，防止风干，以利提高保苗成活率。由于稚参个体小，抗风干能力差，为保证成活率，一般就地购苗，避免长途运输。

2. 稚参苗的暂养

(1) 稚参苗入池前要注意池子的消毒杀菌，新池子还要注意pH的变化。

(2) 稚参苗入池水温温差要控制在2℃以下（育苗池与保苗池），盐度差要控制在3‰以内。

（三）控制保苗密度

保持合理的密度是提高保苗率的关键措施之一。一般2～4mm的稚参每立方米水体保苗密度为20万头。随着个体的增大要不断稀疏密度，否则密度过大，稚参在附着基上的活动空间减少，不能吃到足够的饵料，造成稚参营养不良、生长缓慢、死亡率增加。疏苗方法有两种：一是将附苗密度过大的附着基，在水中冲刷一部分稚参到空附着基上；二是将波纹板或塑料薄膜隔一去一，然后在空当处再插上空波纹板或塑料薄膜，数日后参苗又可附匀。

（四）投喂可口饵料

保苗初期以投喂新鲜海泥为主，后期可采用新鲜海泥及鼠尾藻、马尾藻磨碎液混合投喂，每日投饵4～6次，日投喂量一般在10～20g/m^2，必要时可根据参苗摄食情况随时增减；到了冬季可单投鼠尾藻干粉或马尾藻，每日2次，日投饵量在5g/m^{2}左右。水温低于

5℃时不必投饵。

四、商品刺参的养殖要点

（一）苗种与投放

刺参养殖苗种的来源有3种。第一种为秋苗，即人工培育的当年苗种，体长2～4cm，每亩投放0.5万～1万头，根据换水量的大小、水的肥瘦及池塘的水域生产力加以增减，成活率一般在10%～40%，1.5～2年可以收获。第二种为春苗，即上年人工培育的苗种在室内人工越冬，个体大小在6cm左右，每亩放苗4000～8000头，当年秋冬可收1/4～1/3，翌年夏眠前即可全部收获，成活率在70%以上。第三种为自然苗，50～60头/kg，早春投苗，入冬前可收获80%以上，每亩放苗2000～3000头，成活率可达90%以上。采捕规格在250g/头左右，个别较大个体可达到500g/头以上。

参苗的投放方法采用逃逸法，根据刺参大小采取不同网具，用沉石压住，潜水把参苗放到指定地点，让参苗自然爬出。

（二）水深

水越深越好，一般2～3m。实践证明，遇到寒冷天气，海参死亡率高的都是水深1.5m左右的池塘，而2.0m以上的池塘没有受到多大影响。

（三）日常管理

日常管理主要是加强水的管理，水体交换量越大，刺参生长速度越快，出成率越高。有潮就进，有水就换，无自然纳潮条件的用水泵进行换水。有条件的地方可用增氧机增氧，用水泵进行内循环，日增氧和内循环2～3次，每次2～3h，以夜间为主。

（四）投饵

大多数虾池养殖刺参很少投饵，主要依靠天然饵料，以单胞藻、底栖硅藻、有机碎屑、分解的小型动物尸体为食。刺参生长速度慢、周期长，为此，刺参虾池养殖人工投饵越来越被人们所重视。

刺参的饵料来源比较广泛，如发酵后的稻草及其他木本科植物、酒糟、酱糟、虾糠、麦麸、小杂鱼粉、粗淀粉等都可投喂，投饵的原则是宁少勿多，以适量为准。日投饵量是刺参体重的5%～10%，快速生长的适温期多投，夏眠和水温5℃以下时不投料；日投饵2次，在黄昏时进行。投饵量亦可用检查肠道和暂养的方法确定，一是解剖1～5个样品，根据肠道的饱满度来确定投饵量；二是取8～10头海参放水槽中，看排便的多少、粗细以确定投饵量，一般暂养24h即可确认。

利用人工配合饵料养殖刺参，其生长周期可缩短1/3以上；在相同的条件下，相同时间内投饵和不投饵养殖的刺参体重相差2倍。用人工配合饲料，具有诱食性强、不易污染水质的优点，虽然成本高，但养殖周期短、规格产量提高，因而经济效益更明显。

（五）成参与参苗的质量标准

成参与参苗的质量标准是成参养成或购置参苗的重要质量依据。

（1）成参标准　个体粗壮，体长与直径比例小；肉刺尖而高，基部圆厚，肉刺行数4～6行，行与行比较整齐；刺参颜色多变，少数为紫色和白色是上品，以质灰褐色多、带有灰褐色斑点为好，皮厚、出成率高，绿皮参质量较差，皮薄、出成率低。

（2）参苗标准　体态伸展粗壮；肉刺尖而高，色泽艳；头尾活动自如，运动快，伸展自然；排便不黏而散，摄饵快，排便快。

成参与参苗若发现体态色暗而黏滑、肉刺秃而短、粪便黏、活动慢、管足无力的个体，必须进行药物治疗。

（六）收获与加工

（1）收获　采取轮捕轮放的方式，每年捕大留小，根据刺参存池量，每年追投参苗。

（2）加工　刺参可鲜食，即用开水闷烫2h，冷却切片后加调料即食。采捕上来的成参在头背部切割3～4cm小口，排出内脏，用淡水（用海水、盐水易化皮）煮透，用饱和盐水腌制，几天后，再用盐水煮透，此为水参；如制干参，再加盐煮透，用草木灰灰透，晒干即可。刺参的生殖腺与参肠营养价值高于刺参，可腌渍加工。

五、常见病害防治

1. 烂皮病

（1）病因　该病常由饵料污染、有机物污染、油污、无机污染、重金属及pH波动较大、水质淡化（盐度降低至17‰以下）等原因引起。

（2）防治方法　潜水员下水，收集刺参，放于青霉素、链霉素各50mg/L药液中30min左右，投入池田中即可。化学污染与有机物污染则停止换水，加强内循环，污染解除方可换水。雨季，淡水大量注入进水口处则加盐，使盐度在18‰以上。

2. 赤潮、黑潮、黄潮

三潮必须提前预防，当透明度达0.5m以下，必须进行防治。

（1）生石灰泼洒　水深1.5m左右，将40kg/亩的生石灰碾成粉末，均匀洒落在池中，沉底变成白灰，对刺参无害。

（2）甲醛泼洒　加2mg/L甲醛或次氯酸钠（浓度10%左右），均匀泼在池塘表面，水体富营养化消失，对刺参无害。与生石灰结合分期使用效果更好，但不可混合使用。

六、注意事项

① 刺参生命力强、抗逆性强，只要没有天灾人祸就能稳定高产，经济效益显著。

② 刺参苗种投放时机非常重要，一般在春、秋季水温8℃左右投放比较适宜，此时敌害生物活动迟缓，不易造成对刺参的重大危害。秋季，刺参的摄饵能力与活力较强，为适应环境而进入冬季打下良好基础；春季，刺参适应一定阶段后，很快进入快速生长期，当敌害生物侵害时，已无能为力。

③ 刺参特别是5cm以下苗种，易被蟹类和虾虎鱼所危害；当刺参达到10cm以上，敌害生物的危害性较小。

④ 池塘养殖刺参，一次性投资较大，但经济效益显著。一般百亩虾池，改造底质需5万～10万元，苗种20万元左右；2年后，纯收入是投资额数倍乃至10倍以上。

⑤ 虾池养殖刺参，需经常巡池，取刺参观察，以确定投饵量和防治病害；防盗也很重要。

经验介绍一 ▶▶引起海参化皮的原因及治疗方法

1. 引起海参化皮原因与预防办法

（1）结冰前和化冰后　使用速解安加激活调控水质，速解安有平衡氧气在水中正常溶解量的作用，激活可以大幅度提高海参对季节交替时水环境改变的抗应激能力；冰下进水应有规律性地少进少排，或适量补水；化冻后切忌短时间内大量换水，建议避过完全化冻后的第一潮水。

（2）冰下缺氧诱发病害　封冰后，风浪增氧作用消失，一些水质较清瘦的、缺少浮游植物的参圈，冰下光合作用产氧量很低，氧气含量会随着冰期的延长而不断下降。当氧气含量低于海参所需最小值时，就会因此而诱发化皮、肿嘴等病害。

预防办法：封冰前期，以冰上能否站住人为标准，在此之前，适当少量进、排水，以补充海参所需氧气来源。冰上能站住人后，半月开一次冰眼，投放一次久氧，可配备野外伐木用的电锯，省人省力，简单易操作。

（3）冰下氧气过饱合而诱发病害　封冰后，一些水质较肥、浮游植物很丰富的参圈，因冰下风平浪静、透光率很好，植物光合作用产氧量不断积累。因冰下生物耗氧少，冰封后氧气难以向外释放，氧气积累会越来越多，当氧气含量超过海参所需最大值时，海参会因吸入过多氧气而出现烂刺、化皮等病症。这非常类似于淡水鱼在冬季常发生的气泡病，故将海参这种病也称作气泡病。

2. 治疗办法

海参的化皮、肿嘴等病害，均属于继发性细菌感染。治疗时从治疗细菌感染着手，打多个冰眼，选用适合低温使用、易溶于水、刺激性小的消毒剂（如慧碘、醛力灭），用水充分稀释后撒入冰眼，连续使用2～3d。用药7d后，再按上述提到过的预防办法调控水质即可。

经验介绍二 ▶▶正确选择海参建池地址和科学造礁

1. 做好规划与布局，规范参池建设

要根据本地的区域特点，因地制宜选择建池地址。养参池最好避开养参密集区，尽量选择以下条件：海区附近潮流通畅，能纳自然潮水；附近无大量淡水注入和其他污染源，水质条件好；适于刺参摄食的饵料生物丰富，尤其是底栖硅藻数量充足；以底质较硬的泥沙底为好。

参池水深最好达到2m以上（遇到严冬，死亡率高的都是水深1.5m以下的参池），进、排水渠道要分设，池底不能挖得低于海水低潮线，排水闸门要建在参池底部的最低位，使底层水能排净，使参池水流畅通，以达到水质鲜活、饵料丰富的目的。

2. 造礁要求

海参人工造礁

要因地制宜选择适宜的筑礁方式，无论选择哪种方式，都要按标准堆放。

通常多选用投石筑礁，一般每堆石块高不低于 2m，每个石块不低于 10kg，以投石行距 4m、堆距 4m 为好。总的前提是有利于海参的栖息度夏，有利于藻类的附生，为海参正常生长提供良好的空间、环境及饵料。

复习思考题

1. 引起海参腐皮病的原因有哪些？
2. 北方人工造礁的方法及注意事项是什么？
3. 海参养殖池塘水深与成活率之间有何关系？
4. 如何鉴别海参质量？

关键技术 2 海蜇养殖

海蜇是暖水性大型食用水母。我国浙江（南）、辽宁（北）是两大海蜇重要产区，海蜇性成熟期均始于 8 月下旬，生殖期可持续至 10 月上、中旬。性产物（卵或精）分批成熟，分批排放；同一批性产物的排放历时数日。在一个生殖季节，性产物有 2～3 次排放高峰期。

海蜇终生生活于近岸水域，尤其喜栖河口附近，分布区水深一般 5～20m。其对水温适应范围一般为 16～30℃，最适水温 18～24℃，致死水温上限为 35℃。海蜇对盐度的适应范围为 10‰～32‰，最适盐度 14‰～20‰，致死盐度下限为 6‰。海蜇喜栖光照强度在 2400lx 以下的弱光照环境。

一、海蜇养殖池塘的要求

1. 环境条件

池塘底质以沙底、泥沙底为宜，池底平坦无障碍物。海蜇凭感觉游动，游动方向主要向前方，转弯难度大，要求水域环境宽阔、障碍物少，减少碰撞伤害概率。海蜇对水质条件要求较高，其摄食量大、生长迅速、代谢旺盛，伴随着生长分泌大量的黏液，需要及时换水来改善水质条件。因此，养殖池塘要求离海边比较近，进、排水方便，最好是依靠潮汐能自然换水的池塘。池塘的水深在 1m 以上，面积在 10 亩以上为宜，越大越好。

2. 进、排水要求

池塘的进、排水自由，进水口有袖网、围网，防止杂鱼、杂虾等敌害生物的进入，初期围网的网目在 40～60 目；养殖后期，随着海蜇的长大，进水口网目规格可以增大到 0.5cm。池塘的排水口也设有围网，网目和入水口的网目相同，防止排水时跑苗。换水量随着海蜇的生长而逐渐增大，排水时水流尽量缓一些，防止海蜇苗挂在排水网上而引起溃烂、死亡。

水质条件要求自然新鲜海水，水温在18℃以上、盐度15‰以上、溶解氧3mg/L以上即可。

3. 四周围网要求

池塘的岸边有一定的坡度，海蜇的游动习性导致海蜇容易抢滩死亡；池塘的岸边有石头或其他杂物，海蜇游动碰上时容易受伤。在岸边水深0.5m处加围网，以防海蜇游上岸边或碰伤引起死亡。池塘的四周围网的面积应该大一些，依据具体池塘大小而定，围网应是无结节网片，网目的大小为0.5cm即可。

二、放苗前的准备工作

1. 池塘建设

首先应对原有的池塘进行整理，对池坝和进、排水口进行修理、加固。对养殖多年的池塘，要进行池底清淤和消毒工作。根据池塘的特点，如进水的水深情况、池底的坡度情况、进水后有无浅滩暴露空气中、池壁的坡度等情况，对海蜇养殖区域进行围网防逃。

2. 饵料生物培养

海蜇幼体主要摄食浮游动物，以小型枝角类和桡足类较为适宜，池水中饵料丰富有助于提高苗种成活率、促进生长。进水培育生物饵料，其方法是在进水前通过消毒（如生石灰、漂白粉等）清池杀灭有害生物，然后选择时机进水施肥，使藻类和饵料动物繁殖生长。一般进水时间在4月底。清池后第一次进水深度为20cm，每亩施有机肥50kg、氮肥0.75kg、磷肥0.5kg。10d后，追施无机肥，施肥量为第一次的一半。第一次施肥5d后，逐渐进水，直至放苗时的1m水深。池刚进水时，水色透明，经过施肥水色逐渐变为浅黄褐色至黄色，透明度下降，藻类密度增高，浮游动物和底栖动物繁殖生长。

3. 水质检测

放苗前对水质常规指标进行检测，主要是水温、盐度、pH等，海蜇养殖的水温范围是16～32℃，最适水温是20～26℃；盐度的范围是8‰～32‰，最适范围是14‰～20‰。一般要求水温18℃以上即可放苗，放苗时水温与育苗水体温度相差不超过2℃；盐度在20‰～30‰放苗，放苗时盐度与育苗水体盐度相差不超过5‰，pH要求为7.5～8.5。

由于海蜇苗对水质环境非常敏感，水质条件不适时可以引起苗种全部死亡，导致养殖失败。对含有难以检测的水质因子和无条件检测的养殖者，最好先拿少量苗种试养几天，观察苗种能否正常生长，否则需要换水或调整水质。

三、苗种与放苗

1. 苗种要求

苗种大小要求伞径在1cm以上。苗种规格整齐，无损伤。苗种发育变态完全，游动活泼、有力，伞径内无气泡或气泡很少。苗种颜色通常为白色、粉红色或红色。

2. 蜇苗运输

蜇苗运输容器要求内壁光滑，一般采用塑料袋充氧运输，气温高和路途远时，应适当加冰降温、遮光。

3. 放苗的密度

根据池塘面积、水深、水质情况等，以及池塘的换水能力、苗种的质量，确定放苗密度。亩产100～250kg的池塘，苗种的成活率为10%～30%，可放苗200～300只/亩；条件特别好的池塘可放苗300～500只/亩，一般的池塘控制在300只/亩即可。

如果海蜇密度过大，会造成水质败坏、发黏、缺氧和海蜇生长缓慢、长不大等现象，可导致养殖失败。

4. 放苗

放苗时间应该选择在天气较好的早晨或傍晚，最好是无风、无阳光直射的天气。放苗时先把苗倒进一个比较大的容器中，加一些池塘内的海水，让苗适应一段时间（5～10min），然后再放入池中。放苗的位置选在池塘中间，用船运过去，均匀、缓慢地放入池内，操作要仔细，避免苗种受伤损坏。

四、养殖管理

管理者要经常巡塘，注意观察水质、饵料生物状况及海蜇生长的情况等，并做好记录。视水质状况及时进行水质调节；视池内饵料生物情况及时肥水、繁殖饵料；视海蜇生长情况及时捕大留小，在逐步降低饲养密度的同时，也获得一定的经济收入。

经验介绍 ▶▶提高海蜇皮加工质量的措施

（1）根据海蜇捕捞季节天热、水温高的特点，在集中产区设置加工点。加工点要搭盖遮阴通风的棚房，防止烈日照射；要配备大口径的瓷缸或帆布袋，作为加工器具。切勿在沙滩上加工，以免泥沙渗入海蜇内，降低质量或无法食用。

（2）切实推行“三矾二盐”的工艺流程，提高产品质量。把刚捕到的鲜海蜇，立即放入瓷缸或帆布袋内，按鲜海蜇体重0.2%～0.6%的比例，配制明矾，用水溶解，腌渍2d，使鲜蜇收敛、排出水分，此谓“初矾”。再按初矾蜇皮的体重，加盐12%～20%，加明矾0.5%～0.8%，腌渍7～10d，进一步排除水分，此谓“二矾一盐”。再按二矾蜇皮体重，加盐20%～30%，加明矾0.2%～0.3%，腌渍10d，此谓“三矾二盐”。这样经过3周左右，使蜇皮含水量降到8%～10%，即成为初级加工产品。

（3）选择的蜇皮要圆而完整，不破碎，直径33cm以上；色泽洁白或淡黄，带有光泽；用手剥尽红皮、红点，洗净泥沙，无异味，这种蜇皮为优质产品。

复习思考题

1. 海蜇池塘应如何选择与建造？
2. 海蜇放苗注意事项有哪些？
3. 如何进行海蜇的水质监控？

模块六 综合实训

实训一 硬骨鱼的外部形态与解剖观察

一、目的要求

1. 通过对鲤的结构观察，掌握硬骨鱼类的主要特征及鱼类适应水生生活的形态结构特征。

2. 学习硬骨鱼内部解剖的基本操作方法。

二、材料、器具

解剖器、解剖盘、解剖镜、鬃毛、棉花、培养皿、2 龄以上的鲤或鲫。

三、方法与步骤

剪开鲤体壁时，剪刀尖不要插入太深，而应向上翘，以免损伤内脏；移去左侧体壁肌肉前，注意用镊子将体腔腹膜与体壁剥离开，以不致损坏覆盖在前后鳔室之间的肾脏和紧靠头后部的头肾。

1. 外形观察

鲤（或鲫）体呈纺锤形，略侧扁，背部灰黑色，腹部近白色。身体可区分为头、躯干和尾 3 部分。

（1）头部　自吻端至鳃盖骨后缘为头部。口位于头部前端（口端位），口两侧各有 2 条触须（鲫鱼无触须）。吻背面有鼻孔 1 对，将鬃毛从鼻孔探入。眼 1 对，位于头部两侧，形大而圆。眼后头部两侧为宽扁的鳃盖，鳃盖后缘有膜状的鳃盖膜，借此覆盖鳃孔。

（2）躯干部和尾部　自鳃盖后缘至肛门为躯干部；自肛门至尾鳍基部最后 1 枚椎骨为尾部。

躯干部和尾部体表被以覆瓦状排列的圆鳞，鳞外覆有一薄层表皮。用手抚摸鱼体表，观察是否黏滑。

躯体两侧从鳃盖后缘到尾部，各有1条由鳞片上的小孔排列成的点线结构，此即侧线；被侧线孔穿过的鳞片称侧线鳞。

体背和腹侧有鳍，背鳍1个，较长，约为躯干的3/4；臀鳍1个，较短；尾鳍末端凹入分成上下相称的两叶，为正尾型；胸鳍1对，位于鳃盖后方左右两侧；腹鳍1对，位于胸鳍之后、肛门之前，属腹鳍腹位。

肛门紧靠臀鳍起点基部前方，紧接肛门后有1个泄殖孔。

2. 内部解剖与观察

将新鲜鲤（或鲫）置解剖盘，使其腹部向上，用剪刀在肛门前与体轴垂直方向剪一小口，将剪刀尖插入切口，沿腹中线向前经腹鳍中间剪至下颌；使鱼侧卧，左侧向上，自肛门前的开口向背方剪到脊柱，沿脊柱下方剪至鳃盖后缘，再沿鳃盖后缘剪至下颌，除去左侧体壁肌肉，使心脏和内脏暴露。

用棉花拭净器官周围的血迹及组织液，置入放咸水的解剖盘内观察。

（1）原位观察　腹腔前方，最后1对鳃弓后腹方一小腔，为围心腔。它借横膈与腹腔分开。心脏位于围心腔内。

在腹腔里，脊柱腹方是白色囊状的鳔；覆盖在前、后鳔室之间的三角形暗红色组织，为肾脏的一部分。

鳔的腹方是长形的生殖腺，雄性为乳白色的精巢，雌性为黄色的卵巢。

腹腔腹侧盘曲的管道为肠管，在肠管之间的肠系膜上，有暗红色、散漫状分布的肝胰脏。

在肠管和肝胰脏之间，有一细长、红褐色器官为脾脏。

（2）生殖系统　由生殖腺和生殖导管组成。

① 生殖腺。生殖腺外包有极薄的膜。

雄性有精巢1对，性成熟时纯白色，呈扁长囊状；性未成熟时往往呈淡红色，常左右不匀称且有裂隙。

雌性有卵巢1对，性成熟时呈微黄红色、长囊形，几乎充满整个腹腔，内有许多小形卵粒；性未成熟时为淡橙黄色、长带状。

② 生殖导管。为生殖腺表面的膜向后延伸的细管，即输精管或输卵管。很短，左右两管后端合并，通入泄殖窦。泄殖窦以泄殖孔开口于体外。

观察毕，移去左侧生殖腺，以便观察其他器官。

（3）消化系统　包括口腔、咽、食管、肠和肛门组成的消化管，以及肝胰和胆囊。此处主要观察食管、肠、肛门和胆囊。

用钝头镊子将盘曲的肠管展开。

① 食管。肠管最前端接于食管，食管很短，其背面有鳔管通入，并以此为食管和肠的分界点。

② 肠。为体长的2～3倍。肠的前2/3为小肠，后部较细的为大肠，最后一部分为直肠，直肠以肛门开口于臀鳍基部前方。

③ 胆囊。为一暗绿色的椭圆形囊，位于肠管前部右侧，大部分埋在肝胰脏内，以胆管通入肠前部。

（4）鳔　位于腹腔消化管背方的银白色胶质囊，一直伸展到腹腔后端，分前后两室。后室前端腹面发出细长的鳔管，通入食管背壁。

观察毕，移去鳔，以便观察排泄系统。

（5）排泄系统　包括1对肾脏、1对输尿管和1个膀胱。

① 肾脏。紧贴于腹腔背壁正中线两侧的一对细长器官，既是排泄器官又是造血器官，呈紫红色。肾脏的每一小管都开口于输尿管。两条输尿管通到膀胱，再以尿道通到泄殖腔。

② 输尿管。每肾最宽处各通出一细管，即输尿管，沿腹腔背壁后行，在近末端处两管会合通入膀胱。

③ 膀胱。两输尿管后端会合后稍扩大形成的囊即为膀胱，其末端稍细开口于泄殖窦。

（6）循环系统　主要观察心脏，血管系统从略。心脏位于两胸鳍之间的围心腔内，由1心室、1心房和静脉窦等组成。

① 心室。心室位于围心腔中央处，呈淡红色，其前端有一白色厚壁的圆锥形小球体，为动脉球。自动脉球向前发出1条较粗大的血管，为腹大动脉。

② 心房。位于心室的背侧，呈暗红色、薄囊状。

③ 静脉窦。位于心房后端，呈暗红色，壁很薄，不易观察。

以上观察毕，将剪刀伸入口腔，剪开口角，并沿眼后缘将鳃盖剪去，以暴露口腔和鳃。

（7）口腔与咽

① 口腔。口腔由上、下颌包围合成，颌无齿，口腔背壁由厚的肌肉组成，表面有黏膜，腔底后半部有一不能活动的三角形舌。

② 咽。口腔之后为咽部，其左右两侧有5对鳃裂，相邻鳃裂间生有鳃弓。第5对鳃弓特化成咽骨，其内侧着生咽齿。咽齿与咽背面的基枕骨腹面角质垫相对，两者能夹碎食物。

（8）鳃　鳃是鱼类的呼吸器官。鲤（或鲫）的鳃由鳃弓、鳃耙、鳃片组成，鳃间隔退化。

① 鳃弓。位于鳃盖之内、咽的两侧，共5对。

每鳃弓内缘凹面生有鳃耙；第1～第4对鳃弓外缘并排长有2个鳃片，第5对鳃弓没有鳃片。

② 鳃耙。为鳃弓内缘凹面上成行的三角形突起。

第1～第4鳃弓各有2行鳃耙，左右互生。第1鳃弓的外侧鳃耙较长。第5鳃弓只有1行鳃耙。

③ 鳃片。薄片状，鲜活时呈红色。

每个鳃片称半鳃，长在同一鳃弓上的两个半鳃合称全鳃。剪下1个全鳃，放在盛有少量水的培养皿内，置解剖镜下观察。可见每一鳃片由许多鳃丝组成，每一鳃丝两侧又有许多突起状的鳃小片。鳃小片上分布着丰富的毛细血管，是气体交换的场所。横切鳃弓，可见2个鳃片之间退化的鳃隔。

四、作业

完成实验报告。

实训二　虾类的生物学观察、解剖和测定

一、目的要求

了解虾类的基本生物学形态结构特点，掌握对虾外部形态特征及主要内脏器官识别。

二、材料、器具

解剖盘、解剖剪、镊子、直尺、天平、纱布、鲜活对虾。

三、方法与步骤

1. 测定体长、全长和体重

取一尾新鲜对虾，将其拉直，用直尺测量其额角尖端至尾扇末端的长度；测量眼柄基部至尾节末端的长度。用纱布或吸水纸吸去体表水分，放天平上称重。

2. 观察外部形态

对虾身体分头胸部和腹部两部分（图 6-1）。体外被几丁质甲壳，称外骨骼；甲壳向体内深入形成的刺状结构，称为内骨骼。甲壳具有支撑体形和保护内部器官的作用。

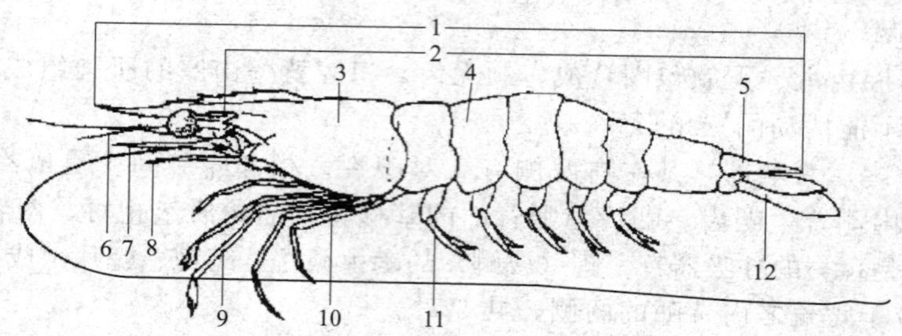

图 6-1 虾类外部形态图

1—全长；2—体长；3—头胸部；4—腹部；5—尾节；6—第一触角；7—第二触角；8—第三颚足；9—第三步足；10—第五步足；11—游泳足；12—尾肢

对虾身体由 21 个体节组成，即头部 6 节、胸部 8 节、腹部 7 节。头部和胸部愈合为一，体节已难分辨，合称头胸部，外被一大型甲壳，称为头胸甲。头胸甲前端中央突出前伸，形成额角，其上、下缘常具齿；头胸甲表面具突出的刺、隆起的脊和凹陷的沟等结构，是鉴别对虾种类的重要分类依据之一。

对虾具 20 对附肢，除尾节外，每一体节均具 1 对附肢，末对附肢（尾肢）与尾节组成尾扇。由于各附肢的着生部位及功能不同而特化成不同的形态，但基本构造均为基肢、内肢和外肢。

从头胸甲开始至尾扇，数出对虾的体节数和附肢数。在头胸部、腹部、尾部找出相应的沟、脊、刺；识别雌雄个体。用镊子小心地从附肢基部取下对虾的一侧附肢，按从头到尾的顺序排列在解剖盘上，认识对虾附肢的分节。

3. 观察内部构造

剪去一侧头胸甲的下半部分，露出鳃部，观察后掀去整个头胸甲，找出对虾的胃、心脏、肠道，小心取出，分别放置在解剖盘上。

4. 如有性腺发育成熟的对虾，可观察其卵巢或精荚囊

5. 观察对虾纳精囊和交接器的形状

四、作业

完成实验报告。

实训三 蟹的外部形态与解剖观察

一、目的要求

了解蟹类的生物学基本形态结构；掌握蟹类外部形态特征、主要内脏器官的分布位置、区别雌雄个体；掌握蟹类分类的主要特征。

二、材料、器具

解剖盘、解剖剪、镊子、直尺、天平、纱布、各种鲜蟹（梭子蟹、绒螯蟹等）、蟹类原色图谱或彩色挂图。

三、方法与步骤

1. 观察外部形态

对照图 6-2 观察蟹的体形、额齿数、前侧齿数；识别雌雄个体；分别用镊子取下蟹的第 1 触角、第 2 触角、大颚、第 1 小颚、第 2 小颚、第 1～第 3 颚足，按顺序摆放。

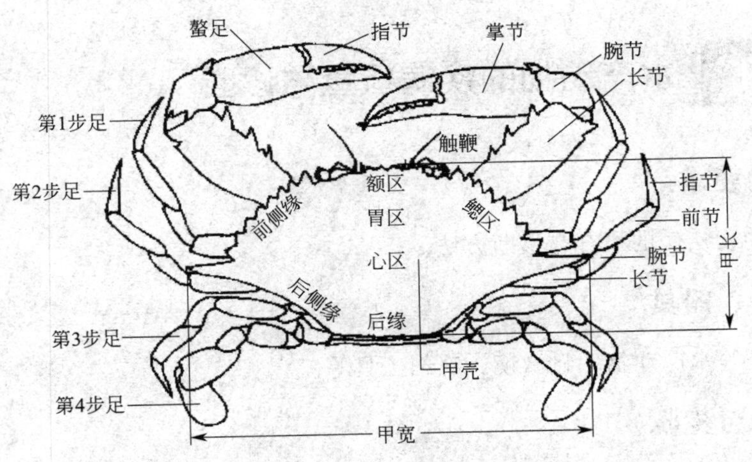

图 6-2 蟹类形态名称模式图（引自宋海棠等，2006）

2. 观察内部构造

打开头胸甲，对照图 6-3、图 6-4，观察蟹的胃、肝脏、鳃、心脏、肠道、生殖腺。

3. 识别梭子蟹、绒螯蟹

找出梭子蟹、绒螯蟹的主要形态差异。

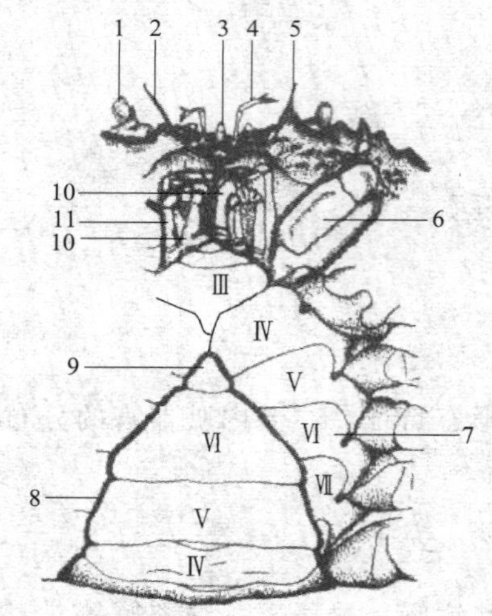

图 6-3　三疣梭子蟹雌体腹面观（仿池田）
1—复眼；2—第 2 触角；3—吻；4—第 1 触角；5—额棘；6—第 3 颚足；7—腹甲；8—腹部；9—尾节；10—第 1 颚足；11—第 2 颚足；Ⅲ～Ⅶ—体节序号

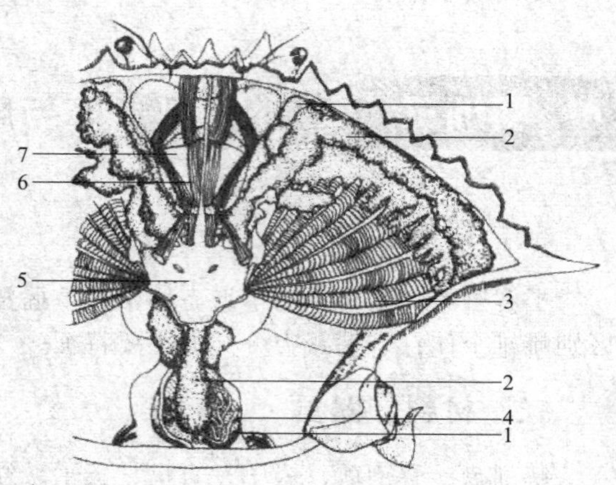

图 6-4　三疣梭子蟹内部构造（仿池田）
1—肝胰脏；2—卵巢；3—鳃；4—肠盲囊；5—心脏；6—胃肌；7—胃

四、作业

完成实验报告。

实训四　水产动物的疾病检查与诊断

一、目的要求

了解水产动物疾病的检查与诊断方法。

二、材料、器具

活体鱼、虾等水产动物，显微镜，解剖工具等。

三、方法与步骤

水产动物的疾病与病原、环境及机体三大因素有关。因此，在检查和诊断疾病时，要全面考虑和分析，才能做到正确诊断。

1. 调查访问

（1）调查饲养管理情况　包括清塘方法，养殖的种类、密度、来源，投饲的种类、数量、质量，水环境管理方法（如施肥的种类、数量，用过何种消毒剂，用药量）等。

（2）调查有关的环境因子　包括了解水源中有没有污染源、池塘底质、水质情况、周围农田施肥和施药情况、池塘中有无中间寄主，周围有无终末寄主等。

（3）调查发病情况及曾经采用过的防治措施　如什么时候开始发病、在一个池塘中是一种动物发病还是几种动物同时发病、病体有何症状及异常表现、死亡情况及急剧程度、曾经采取的措施及效果、曾发生过什么病等。

2. 机体检查

机体检查是诊断的最主要也最直接的方法。做检查用标本应选择症状明显、尚未死亡或刚死不久的个体，最好多检查几遍。

3. 检查程序

（1）记录　有条件先拍照，将病体编号，记录检查的时间、地点、种名、体重、体长、年龄、性别等。

（2）检查　首先应进行肉眼检查，然后进行解剖检查。检查病体表面有无损伤，体色有无变化，黏液是否正常，有无大型寄生虫或真菌寄生，体形是否正常，各器官、组织有无充血、出血、贫血、发炎、溃烂、肿胀等异状，然后从病变部位取部分组织、黏液或内含物压片以显微镜检查。

检查顺序：体表黏液、鳍、鼻腔、血液、鳃、口腔、腹腔、脂肪组织、消化管、肝、脾、胆囊、心脏、鳔、肾、性腺、眼、脑、肌肉。

常规的检查部位为体表、鳃、消化道，以及肝、肾、脾等主要器官。

4. 解剖方法

用左手将鱼握住，使鱼的腹面朝上，右手用剪刀从肛门开始入，先横剪一刀，然后从该处将剪刀插入，沿侧鳞线一直剪至鳃盖前缘（注意剪尖向上翘起，避免将内脏剪破），从肛门开始沿着腹部直线剪开，再将鳃盖剪开，即所谓的“三刀法”。然后将体壁展开铺平（解剖盘），先仔细观察显露出来的器官有无异常，然后用剪刀小心地从肛门和咽喉两处剪断，轻轻取出整个内脏，并小心分开各器官，依次检查，做好记录。

若怀疑是病毒或细菌病时，应先按病毒学、细菌学方法处理。如对可疑器官进行细菌分离，进行固定，然后再按先目检、后镜检的顺序进行检查。

根据上述的调查和检查结果综合分析，诊断疾病。对中毒或营养不良引起的疾病，还要通过对食物或水质的化学分析才能确定。肿瘤须做组织切片来诊断。

四、作业

将各自的检查记录上交。

附录　病原体的计算标准

在疾病诊断过程中，除了肯定病原体之外，还要判别疾病的轻重和病原体的感染程度。因此，对病原体的个数必须计数。但具体计算中有许多困难，因为很多病原体，特别是原生动物，肉眼无法看到，即使在显微镜下也无法逐个数清，只能采用估计法。此法虽不十分准确，但终究可以相互比较，否则在进行材料总结时，就无法了解该地区各种疾病流行的严重程度。因此，根据资料，拟出如下的统一计数标准。

（1）表示病原体数量的符号　病原体数量用“＋”表示。“＋”表示有，“＋＋”表示多，“＋＋＋”表示很多。

（2）各种病原体的计数　鞭毛虫、变形虫、球虫、黏孢子虫、微孢子虫、单孢子虫在高倍显微镜视野下，有1～20个的虫体或孢子时记“＋”，有21～50个时记“＋＋”，有51个以上时记“＋＋＋”。

纤毛虫及毛管虫在低倍显微镜视野下有1～20个虫体时记“＋”，有21～50个虫体时记“＋＋”，有51个以上的虫体时记“＋＋＋”。胞囊的计数，用文字说明。

单殖吸虫、线虫、棘头虫、绦虫、蛭类、甲壳动物、软体动物幼虫，在50个以内均以数字说明；50个以上者，则说明估计数字；或者部分器官里的虫体数，如一片鳃、一段肠子里的虫数。

实训五　细菌性鱼病的病原体分离培养

一、目的要求

1. 掌握细菌性病原体的分离方法。
2. 通过对基础培养基的配制，掌握配制培养基的一般方法和步骤。
3. 掌握细菌培养的方法。

二、材料、器具

病鱼体、培养箱、培养皿、接种环、三角瓶、烧杯、量筒、玻璃棒、玻璃涂棒培养基分装器、天平、牛角匙、高压蒸气灭菌锅、pH试纸（pH5.5～9.0）、棉花、牛皮纸、记号笔、麻绳、纱布、牛肉膏、蛋白胨、NaCl、琼脂，1mol/L NaOH、1mol/L HCl等。

三、方法与步骤

从病鱼体中分离培养出致病菌。

1. 制备牛肉膏蛋白胨培养基

牛肉膏蛋白胨培养基的配方见表6-1。

表6-1　牛肉膏蛋白胨培养基的配方

成分	含量	成分	含量
牛肉膏	3.0g	水	1000mL
蛋白胨	10.0g	pH	7.4～7.6
NaCl	5.0g		

经过称量、溶化、调pH、分装、加塞、包扎、灭菌（将上述培养基以0.103MPa、121℃、20min高压蒸气灭菌）、无菌检查（将灭菌培养基放入37℃的温室中培养24～48h，以检查灭菌是否彻底）、分装平板。

2. 病鱼的解剖与接种

首先，记录病鱼的体重、体长及外部形态，然后用酒精棉消毒鱼体，解剖后分别取病鱼血液、内脏，用平板涂布或划线法接种（图 6-5～图 6-7）。

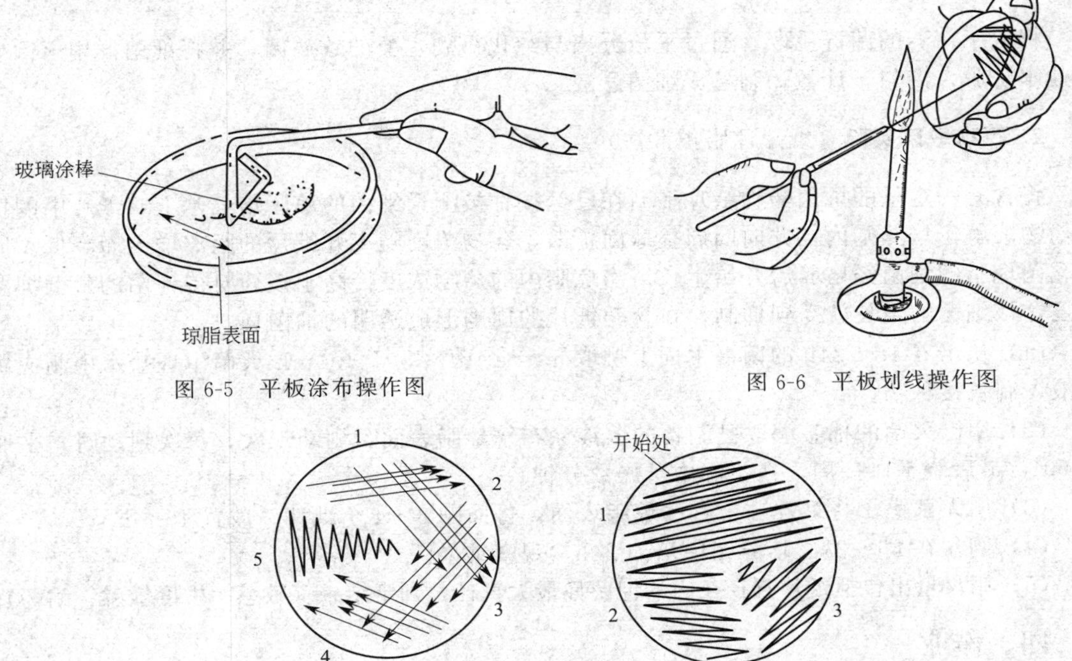

图 6-5　平板涂布操作图

图 6-6　平板划线操作图

图 6-7　划线分离图

3. 培养

4. 实验结果的观察

四、作业

完成实验报告。

实训六　药物敏感实验

一、目的要求

1. 掌握细菌纯化再培养的方法。
2. 掌握人工药物敏感实验方法。

二、材料、器具

培养的菌群、药敏纸片、营养琼脂平板、解剖工具等。

三、方法与步骤

通过纯化病原体后，做药物敏感实验。

1. 细菌纯化

将人工培养的菌群挑取，通过平板分离与纯化得到主要的致病菌，并将细菌群用灭菌生理盐水洗脱，混匀，计数，制备成细菌悬液。

2. 药物敏感实验（纸片琼脂扩散法）

将含有一定量的抗菌药物纸片平贴在已经接种被测量细菌的琼脂培养基上，纸片中的抗菌药物溶解于培养基内，并向四周呈球面扩散，药物浓度随离开纸片的距离增大而降低。同时含菌琼脂的细菌经培养后开始生长。当琼脂内的药物浓度恰高于该药对待检菌的最低抑菌浓度，该细菌的生长就受到抑制，在含药纸片的周围形成透明的抑菌环。

(1) 从培养18～24h的菌群平面上挑取5～8个菌落，于1.0mL灭菌生理盐水中制成菌悬液，制备接种物。

(2) 用已灭菌的棉签蘸取已制备的菌液涂布于琼脂表面，划动三次，每次划动时，平皿转60°，最后绕平皿一周，在室温中干燥数分钟。

(3) 用无菌镊子将纸片贴于含菌琼脂表面，每面贴3～4个纸片。放置15min。

(4) 倒盆在25～28℃培养箱中培养24h，观察结果。

(5) 用尺量出包括纸片直径在内的抑菌环最大直径，判定结果（敏感、中度敏感、耐药）。

四、作业

完成实验报告。

实训七 水产人工育苗常用筛绢网目的辨识

一、目的要求

识别不同型号的育苗筛绢并会选用。

二、材料、器具

40目、60目、80目、120目、200目、250目、300目筛绢布，直尺，显微镜，目测微尺，台微尺。

三、方法与步骤

方法一：根据对孔径的肉眼观察和手指触摸感觉，判别网目的型号。

方法二：取60目以下的粗筛绢布放桌上铺平，用尺子沿筛绢布的经线或纬线量出2.54cm（1in），做好标记，数出2.54cm内的小孔数，即为该筛绢网布的网目。

方法三：适用于60目以上的细网目，在显微镜下观察，用目测微尺、台微尺测出单位长度的小孔数，再算出2.54cm内的小孔数，即为该筛绢网布的网目。

根据育苗阶段选择需要的筛绢网目。国际标准筛绢网数据见表 6-2，我国对虾各期幼体换水及投饵用网目大小见表 6-3。

表 6-2　国际标准筛绢网数据

筛绢号数	每英寸网孔数	孔径/mm	筛绢号数	每英寸网孔数	孔径/mm	筛绢号数	每英寸网孔数	孔径/mm
0000	18	1.364	6	74	0.239	15	150	0.094
000	23	1.024	7	82	0.224	16	157	0.086
00	29	0.754	8	86	0.203	17	163	0.081
0	38	0.569	9	97	0.163	18	166	0.079
1	43	0.417	10	109	0.158	19	169	0.077
2	54	0.366	11	116	0.145	20	173	0.076
3	58	0.333	12	125	0.119	21	178	0.069
4	62	0.313	13	129	0.112	25	200	0.064
5	66	0.282	14	139	0.099			

注：1ft=12in=0.305m=30.5cm，1in=2.54cm。

表 6-3　我国对虾各期幼体换水及投饵用网目大小

项目	幼体发育阶段			
	仔虾	糠虾幼体	溞状幼体	无节幼体
换水网目	40～60	60～80	80～100	100～150
洗网目	40～60	80～100	100～150	

四、作业

标出各种型号筛绢网的网目。

实训八　养殖池塘温度、溶解氧、酸碱度、透明度的指标测定

一、目的要求

掌握池塘中常规指标的测定方法。

二、材料、器具

水银温度计、水质分析仪、溶氧测定仪、石蕊试纸。

三、方法与步骤

1. 温度测试

不同鱼类要求不同的水温。鲢、鳙、草鱼、鲤、团头鲂等属于温水性鱼类，适宜生活的水温为 20～30℃；罗非鱼属热带性鱼类，适宜水温为 25～35℃。为了给鱼创造最适宜的温度环境，就要随时掌握池水的温度变化。

监测水温最常用的是水银温度计，但它只能测得表层水温。现市场上的水质分析仪和溶

氧测定仪均有测试水温的功能，可以测定不同水层的水温，以便养殖人员采取调节水温的措施。

2. 溶氧值的测定

一般鱼类适宜的溶氧值为3mg/L以上。当水中溶氧值小于3mg/L时，鱼不摄食，停止生长；小于2mg/L时，鱼就会浮头；在0.6～0.8mg/L时，鱼就开始死亡。过去，测试溶氧值大多采用化学测定方法，即碘量法。这种方法虽然准确性较高，但是既麻烦难度又大，一般养鱼户难以采用。

近几年来，已有不少测量溶氧值的电子仪器投放市场，如上海米联科技生产的ML8820水质分析、无锡无线电八厂生产的HT-2型溶氧测定仪等。测量时将转换开关拨到测氧挡，经过大约1～2min，仪器表头上的指针就会指出水中的溶氧值。如果溶氧值小于3mg/L时，应采取增氧措施。

3. 酸碱度测试

池水酸碱度既影响鱼类生长，又影响池水中的营养素。鲢、鳙、草鱼、鲤、团头鲂等温水性鱼类喜偏碱性水，其pH值为7.5～8.5。因此人们经常用石灰来调节鱼池的酸碱度。

测试池水酸碱度最简单可靠的方法是使用石蕊试纸。测定时，撕下一张试纸，把它浸入水中2～3min后取出，再与本子上所附的酸碱度色谱对照，找到其中与试纸颜色相同的一段，就能知道池水的酸碱度。

4. 透明度测试

透明度与水色直接有关，水色又标志着水的肥瘦程度和水中浮游生物的多少。测试透明度的最好方法是自己制作一只黑白盘来测定。用薄铁皮剪成20cm的圆盘，用铁钉在圆盘中间打一个小孔，再用黑色和白色油漆把圆盘漆成黑白相间的两色，在圆盘中心孔穿一根细绳，并在绳上画上长度标记。将黑白盘浸入鱼池水中，至刚好看不见圆盘平面为止，这时绳子在水面处的长度标记数值就是池水的透明度。如果透明度大于35cm，说明水值太瘦，可追肥；如果小于25cm，可少投饲料，并加注清水。

四、作业

完成实验报告。